ちくま新書

ウェブ進化論

――本当の大変化はこれから始まる

梅田望夫
Umeda Mochio

582

JN227431

ウェブ進化論――本当の大変化はこれから始まる【目次】

序　章　ウェブ社会――本当の大変化はこれから始まる　009

第一章　「革命」であることの真の意味　027

序 章

ウェブ社会

――本当の大変化はこれから始まる

†「チープ革命」が生む方向性

情報技術（ＩＴ）が社会に及ぼす影響を考える上で絶対に押さえておかなければならないことがある。インテル創業者ゴードン・ムーアが一九六五年に提唱した「ムーアの法則」に、ＩＴ産業は四〇年たった今も相変わらず支配され続けており、これから先もかなり長い間、支配され続けるだろうという点である。

もともとは「半導体性能は一年半で二倍になる」というシンプルな法則だったものが、現在は広義に「あらゆるＩＴ関連製品のコストは、年率三〇％から四〇％で下落していく」という意味に転じた。新しい製品分野が登場してすぐは「こんな機能もほしい」「もっと高い性能を」「より使いやすく」という顧客ニーズが多いから、製品価格が下落するのではなく、同じ価格の製品の機能・性能・使いやすさが向上していく。しかしその製品分野が十分成熟し、顧客にとって「必要十分」の機能が準備されると、一気に価格下落が急となる。

「ムーアの法則」が四〇年も続いてきた結果、ついに私たちは今「チープ革命」（Cheap Revolution）とも言うべき状況の恩恵を蒙《こうむ》る時代に入ったのではないか。こんな問題提起をしているのが、米フォーブス誌コラムニストのリッチ・カールガードである。

この「チープ革命」という概念には、「ムーアの法則」によって下落し続けるハードウェア価格、リナックス（Linux）に代表されるオープンソース・ソフトウェア登場によるソフトウェア無料化、ブロードバンド普及による回線コストの大幅下落、検索エンジンのような無償サービスの充実といったことがすべて含まれる。そして、この方向がさらに極められていく「次の一〇年」は、ＩＴに関する「必要十分」な機能のすべてを、誰もがほとんどコストを意識することなく手に入れる時代になる。

二〇〇五年の日本は、フジテレビ・ライブドア問題、ＴＢＳ・楽天問題で大騒ぎだったが、事の本質はこの「チープ革命」と深く関係している。テレビ局は「映像コンテンツを製作して、それを日本中にあまねく配信する」ために存在しており、そのためには、編集機材から放送設備まで莫大な投資が必要だった。しかし今や「チープ革命」によって、映像コンテンツの製作・配信能力は、皆が持っているパソコンやその周辺機器やインターネットの基本機能の中に組み入れられ、テレビ局だけの特権ではなく誰にも開かれた可能性となった。「ムーアの法則」の恐ろしさとは、そういう可能性がいったん開かれると、それを実現するための道具の価格性能比が年々ものすごい勢いで向上していくことが、誰にも予感できることなのである。

「映像編集ツールが与えられたからといって誰もが素晴らしい映像を作ることはできな

い」「音楽編集ツールがあるからといって誰もがミュージシャンになれるわけがない」「ワープロソフトが普及したって誰もがいい文章を書けるとは限らない」というのは確かに真実なのであるが、道具の普及が私たちの能力をぐっと高めていくことも、一方で真実である。特に子供の頃からこうした新しい道具を与えられた世代からは、明らかに旧世代とは違うリテラシー（表現能力）を持った人たちが数多く育っていくに違いない。

「チープ革命」以前ならば、こうした表現行為を行うためには、テレビ局、出版社、映画会社、新聞社といった組織を頂点とするヒエラルキーに所属するか、それらの組織から認められるための正しい道筋を歩むしか方法はなかった。それゆえに既存メディアに権威が生まれた。

しかし、日本だけでも数千万人、世界全体でいえば一〇億人規模の人々が、某《なにがし》か自らを表現する道具を持ち、その道具が「ムーアの法則」の追い風を受けてさらに進化を続けていくと何が起きるのか。それは、今とは比較にならないほど厖大な量のコンテンツの新規参入という現象である。人口全体に対する表現行為を行う人たちの比率はそう大きくなくても、母集団が数千万とか億という単位になると、コンテンツの需給バランスが一気に崩れる。

「そんなコンテンツなんて大半はクズなのではないか」というのも権威側からよく聞かれ

る言葉なのだが、玉石混交の厖大な量のコンテンツの中から「石」をふるいよけて「玉」を見出す技術も、今や日進月歩ならぬ分進日歩といったスピード感で進化を続けている。

フジテレビ・ライブドア問題、TBS・楽天問題とは、「チープ革命」がもたらすこれからの「総表現社会」とも言うべき方向性によって、テレビ局に代表される既存メディアの権威が揺らぎはじめた象徴と理解すべきなのだ。

†「知の世界の秩序」再編へ

文章を書く、写真を撮る、語り・対話・議論を録音する、音楽を作る、絵を描く、ホームビデオで録画する、映像を作る。そして、その結果を皆がインターネット上に置く。ではそれで何が起こるのか。

確かにこんなことはインターネットが登場してまもない一〇年前から盛んに議論され、たくさんのビジネスが試されては消えていった。バブル崩壊と共に終了した第一次インターネット・ブーム時の結論は「何も起こらない」だった。「普通の人が何かを表現したって誰にも届かない」が当時の結論。でもそれは、玉石混交の厖大なコンテンツから「玉」を瞬時に選び出す技術が、当時はまだほとんど存在していなかったからである。

そこに圧倒的な技術革新が起きたために、局面は一気に動いた。「何かを表現したって誰にも届かない」という諦観は、「何かを表現すれば、それを必要とする誰かにきっと届くはず」という希望に変わろうとしている。

技術革新の主役はグーグル（Google）という米国シリコンバレーの会社である。グーグルは「増殖する地球上の厖大な情報をすべて整理し尽くす」という理念を打ち立て一九九八年に創業されたベンチャーで、二〇〇四年夏に株式公開を果たし、二〇〇五年一〇月にその時価総額が一〇兆円を超えた。シリコンバレー史にも類例のないスピードで成長しており、今や世界中の才能がグーグル入社希望の列を作っているという「化け物」会社になってしまった。

グーグルって検索エンジンを無償提供している会社でしょ……。一般的な認識はそんなものかもしれないが、たとえば検索エンジンひとつ取ってみても、その本質は「すべての言語におけるすべての言葉の組み合わせに対して、それらに最も適した情報を対応させる」ことであり、グーグルはこの検索エンジンを手始めに「知の世界の秩序」の再編成を目論んでいると考えればいい。日々刻々と更新される世界中のネット上の情報を自動的に取り込み、情報の意味や重要性、情報同士の関係などを解析し続けるために、グーグルの三〇万台ものコンピュータが、三六五日、二四時間体制で動き続けている。

「世界政府っていうものが仮にあるとして、そこで開発しなければならないはずのシステムは全部グーグルで作ろう。それがグーグル開発陣のミッションなんだよね」

グーグルに勤める友人は私にこう言った。恐ろしいことを考えているんだなぁと思ったが、目が澄み切っている彼らは、こういうことで冗談は言わない。本気でそう考え、次々と手を打っているのである。

グーグルの登場は世界中のＩＴ関係者を刺激した。「増殖する地球上の厖大な情報をすべて整理し尽くす」という領域についての研究、技術開発、ビジネス創造が今や大変な勢いで行われるようになった。ここがポスト・ネットバブルたる現代の本質で、九〇年代後半とは全く様相を異にしているところである。そしてそれはすべて、インターネット登場以来の懸案だった玉石混交問題の解決につながる営みなのである。

それと同時に「チープ革命」も粛々と進行中で、表現行為のためのコスト的敷居は年々低くなり、道具は誰にでも使える方向に進化するから、表現者は増加の一途をたどる。グーグルと「チープ革命」が相乗効果を起こす形での「本当の大変化」はこれから始まるのである。

これからは、文章、写真、語り、音楽、絵画、映像……ありとあらゆる表現行為について、甲子園に進むための高校野球予選のような仕組みが、世界中すべての人に開かれているのが常態となるだろう。

そしてそれは、詰まるところ「プロフェッショナルとは何か」「プロフェッショナルを認定する権威とは誰なのか」という概念を革新するところへとつながっていく。

英語圏では、分野限定的だがこの問題が表面化しつつある。ネット上の玉石混交問題さえ解決されれば、在野のトップクラスが情報を公開し、レベルの高い参加者がネット上で語り合った結果まとまってくる情報のほうが、権威サイドが用意する専門家（大学教授、新聞記者、評論家など）によって届けられる情報よりも質が高い。そんな予感を多くの人たちが持ち始めた。そしてこの予感が多くの分野で現実のものとなり、さらに専門家もネット上の議論に本気で参加しはじめるとき、既存メディアの権威は本当に揺らいでいく。

しかし表現者としてプロフェッショナルであり続けるためには、常態となった甲子園地区予選を戦い続けることを余儀なくされる「自由競争・継続競争の時代」になる。プロフェッショナルをプロフェッショナルであると認定する権威は、既存メディアから、グーグルをはじめとするテクノロジーに移行する。それに関わる「富の分配メカニズム」も全く新しいものに変わる。テクノロジーがその時々の「旬なプロフェッショナル」をネット上から常時選び出し、彼ら彼女らの知的社会貢献を自動算定し、広告費等を原資に、個々にきめ細かく応分な報酬を自動分配することになろう。

生活コストの安い発展途上国の若い人たちの中には、知的生産活動をネット上に公開することの対価としてグーグルから送られてくる毎月の報酬で生計を立てる人々も増えている。そういう夢物語のように思える諸々のことを実現するための技術の洗練は、私たちが想像できるレベルを大きく超えてしまった。これが事の本質である。

†大変化はゆっくりと、でも確実に社会を変える

こうした新しいことがインターネットで起きている一方、私たちは相変わらず、テレビを見て、新聞を読み、雑誌を買い、電話をかける。莫大な制作費をかけたハリウッド映画を映画館で見てDVDも買う。作家の長い小説を本という形態で読み、人気ミュージシャンのCDを買い続けるだろう。「ネットはメディアを殺すのか否か」といった単純な議論で、新旧のせめぎあいを語ることはできない。

「二〇〇五年は、グーグルとヤフーの広告収入が、米テレビ三大ネットワーク（ABC、CBS、NBC）のプライムタイム広告収入とほぼ拮抗するだろう」

新旧が奪い合うパイという意味での広告産業について、英エコノミスト誌は二〇〇五年四月三〇日号でこう書いた。日本でも二〇〇四年にインターネット広告がラジオ広告を超え、二〇〇八年には雑誌広告を超えると予想されている。しかし広告産業全体で見たインターネットの台頭はまだ始まったばかり。世界中のメジャーメディア（新聞、雑誌、テレ

ビ、ラジオ、映画、屋外、インターネット）の広告総額は約三七兆円だが、そのうちインターネット広告は、二〇〇七年にようやく二兆円に到達する程度なのである。

つまり産業構造的に言えば、新旧の共存・棲み分けはこれからも相当長い間続き、その間に少しずつインターネットが既存メディアを浸食していく構図を頭に描くべきだ。そのプロセスでは、インターネットの浸食に対抗するさまざまな旧勢力の間での合従連衡も起こる。たとえば米国では「大バンドル時代」が到来し、固定電話、携帯電話、テレビ、ブロードバンド、エンターテイメント・コンテンツといったサービス群をすべて一括で提供する競争が、電話会社、ケーブルテレビ会社、テレビ局、ハリウッドなども巻き込んで進行していくだろう。しかし事の本質はそこにはない。より重要なのは、技術革新によって「知の世界の秩序」が再編されるというところなのだ。

これから始まる「本当の大変化」は、着実な技術革新を伴いながら、長い時間かけて緩やかに起こるものである。短兵急ではない本質的な変化だからこそ逆に、ゆっくりとだが確実に社会を変えていく。「気づいたときには、色々なことがもう大きく変わっていた」といずれ振り返ることになるだろう。

†インターネットの可能性の本質

インターネットの真の意味は、不特定多数無限大の人々とのつながりを持つためのコストがほぼゼロになったということである。

子供の頃に「一億人の人から一円ずつもらえたら一億円になるなぁ」なんて夢を思い描いたことのある人は多いのではないだろうか。「一円くれませんか」と人々を訪ね歩けば、かなりの確率で一円なら貰えるとしても、一円貰うための労力・コストが大きいから、リアル世界では非現実的な夢想に過ぎなかった。でも誰かから一円貰うコストが一円よりもずっと小さいとすれば、「不特定多数無限大の人々から一円貰って一億円稼ぐ」ネットビジネスは現実味を帯びてくる。

時間で考えてみたっていい。従業員一万人の企業といえば立派な大企業であるが、この企業が一日稼働すると八万時間が価値創出のために使われる計算になる。「一万人×八時間」の人数を増やしながら、時間を短くしていくとどうなるだろう。一〇万人から四八分ずつ時間を集めることができれば八万時間になる。一〇〇万人ならば一人四分四八秒でいい。一〇〇〇万人なら二八・八秒。一億人ならば三秒弱である。つまり従業員一万人の企業の社員が丸一日フルに働くのと同じ価値を、ひょっとしたら一億人の時間を三秒ずつ集めることでできるかもしれないのだ。

「(≒無限大)×(≒無)＝Something」。

放っておけば消えて失われていってしまうはずの価値、つまりわずかな金やわずかな時間の断片といった無に近いものを、無限大に限りなく近い対象から、ゼロに限りなく近いコストで集積できたら何が起こるのか。ここに、インターネットの可能性の本質がある。

しかしネット「社会」という言葉で示されるように、インターネット上には、善悪、清濁、可能性と危険……そんな社会的矛盾の一切を含んだ混沌が生まれている。そして「次の一〇年」を考えれば、好むと好まざるとにかかわらず、その混沌がより多くの人々のカネや時間を飲み込んでどんどん成長し、巨大化していく。だから、可能性よりも危険の方にばかり目がいく。今はそんな時代である。

†ネットの「善」の部分を直視せよ

ところで日本の携帯電話とブロードバンド（高速大容量）のインフラは、ほぼ世界一の水準にある。「光ファイバー接続でインターネットを家庭から安く使える」なんて話を米国人にすれば、憧れのまなざしで日本を見つめる。インフラ面ではもう日米大逆転が起きてしまった。古い世代には「ＩＴといえば何でも米国が圧倒的に進んでいて日本はそれをどう追いかけるか」という発想が染み付いているが、日本の若い世代は全く違う。つい先日、シリコンバレーに赴任したばかりの日本企業駐在員（二五歳）がこんな感想をもらした。

「米国って日本よりずっと遅れているのに、インターネットの中はすごいんですねぇ。米国の底力を感じます。ショックでした」

私は一瞬耳を疑った。「米国が遅れている」という前提からまず入る発想が私にはとても新鮮だったからだ。でもこれが、携帯とブロードバンドでは世界一のインフラを持つ日本で育った若い世代の米国に対する自然な感想なのである。では、その彼が「すごい」と言い、「底力を感じ」てショックを受けた米国の「インターネットの中」とは何なのか。

それはネット社会という巨大な混沌に真正面から対峙《たいじ》し、そこをフロンティアと見定めて新しい秩序を作り出そうという米国の試みが、いかにスケールの大きなものであるかに対する驚きだったのである。

日本の場合、インフラは世界一になったが、インターネットは善悪でいえば「悪」、清濁では「濁」、可能性よりは危険の方にばかり目を向ける。良くも悪くもネットをネットたらしめている「開放性」を著しく限定する形で、リアル社会に重きを置いた秩序を維持しようとする。

この傾向は、特に日本のエスタブリッシュメント層に顕著である。「インターネットは自らの存在を脅かすもの」という深層心理が働いているからなのかもしれない。

米国が圧倒的に進んでいるのは、インターネットが持つ「不特定多数無限大に向けての開放性」を大前提に、その「善」の部分や「清」の部分を自動抽出するにはどうすればいいのかという視点で、理論研究や技術開発や新事業創造が実に活発に行われているところなのだ。

玉石混交のネット上から「石」をふるいよけて「玉」を見出す技術にグーグルは磨きをかけているが、そういう流れを加速するのはグーグルばかりではない。

不特定多数の意見をどのようなメカニズムで集積すると一部の専門家の意見よりも正しくなるかについての「wisdom of crowds」（群衆の叡知）。見知らぬ者同士がネット上で協力して新しい価値を創出する手法「マス・コラボレーション」。ネット上にたまった富をどう分配すべきかという意味での「バーチャル経済圏」……。インターネット上の開放空間で、新しい理論の研究から実験システムの開発、さらには事業創造のトライアルまでが繰り広げられ始めたのだ。

日本もそろそろインターネットの「開放性」を否定するのではなく前提とし、「巨大な混沌」における「善」の部分、「清」の部分、可能性を直視する時期に来ているのではないか。「日本が米国よりも進んでいる」という前提で物事を発想できる若者たちが大挙して生まれたことは、日本の将来にとっての明るい希望なのだから。

†ネット世界とリアル世界

本書はネット世界の最先端で何が起きているのかに焦点を当てる。情報技術（ＩＴ）ではなく「情報そのものに関する革命的変化」が今起ころうとしているのだということを、何とか伝えたいと思う。しかし今、その大変化は、ネットの「あちら側」で起きている。見ようという意志を持たなければ見えない場所で起きている変化だから、これが厄介なのである。

たとえば、本書でこれから繰り返し議論するグーグルという会社の何が凄いのかということは、ほとんどの人がよくわからない。

同じ「凄い」という話でも、トヨタのことなら想像がつく。クルマという手触りのある製品があり、販売チャネルや保守サービスという企業との接点では人の顔が見え、クルマが工場でどうやって作られているかも、皆だいたい想像できるからだ。そういう共通理解の上で「トヨタの秘密」について読んだり聞いたりすれば、トヨタがどう凄いのかが想像でき、そこから何を学べばいいのかを考えることもできる。

でもグーグルや「情報そのものに関する革命的変化」は全く違う。アマゾンや楽天のようなネット商取引は、まだわかりやすかった。利用する目的もはっきりしていたし、結果としてモノが動くからリアル世界との関わりもあった。

しかし「あちら側」に構築されつつある情報発電所のような仕組みとなると、それはパソコンという窓を通してネットに向き合うことでしか、その姿を想像することができない。ネットに向かって能動的な知的活動を行って初めて、それへの反応という形で一端が垣間見える。「なぜこんなことが実現されるのか」という不思議から、構築物の姿を想像するよりほかない。それを繰り返すことでしか全体像をイメージできない。「ネットの世界に住む」というほどどっぷりとネットに依存した生活を送る以外、その本質を理解するすべはない。だから「住む人」と「使ったこともない人」の間の溝は大きくなるばかりだ。
二、三カ月に一度のペースで日本にいき、顧客企業の幹部と最先端動向について議論するということを繰り返して、もう一〇年以上が過ぎた。その仕事において目に見えない変化が訪れたのは二〇〇三年末頃からだったろうか。ちょうどそれはシリコンバレーがネットバブル崩壊から立ち直り、復活の象徴としてグーグルが脚光を浴び始めたのと、時を同じくしていた。
ほんの一部の人を除き、その頃から、私の問題提起に対しての反応が明らかに鈍くなった。「ネットの世界に住まない」人々に最先端の話をするために要するエネルギーは回を追うごとに増すばかりなのに、議論してもそこから何かが生まれる感じがしなくなった。

隔靴掻痒の感はどんどん大きくなっている。

†「二つの世界」は理解しあえるか

最近ある組織の経営者とアドバイザーが一堂に会する会議で、準備万端整えて臨んだ私の報告があまり理解されないということがあった。たぶん、小さな落胆が顔に出ていたのであろう。帰り際に、同僚アドバイザーである人生の大先輩からこう言われた。

「あなたの話は面白かった。でもねぇ……。私もね、この歳（六十代半ば）になるまで色々な新しいことに出会ってその都度吸収してきたけれど、あなたの話、特にグーグルの本質についての話は、インターネットを使わない私のような人間には絶対に理解できませんよ。私だって、わかったふりはしているけれど、ぜんぜん想像ができないんだ。だから、どれだけ大きな意味のあることなのかも実感できない。でもねぇ……。たとえば私はこれから地方の経営者たちと会うために全国をまわる旅に出るんだけれど、インターネットを使う人なんて誰もいませんからねぇ。はっはっは……」

一方「ネットの世界に住む」若者たちに目を転ずれば、私でもついていくのが精一杯というほどの変化が日に日に加速されている。ネット上では、情報の複製にコストはかからないし、情報の伝播は瞬時に起こるから時間遅れも存在しない。リアル世界とは全く違う法則に基づくから、変化の加速感やスピード感は、私たちの想像を大きく超えている。そしてその世界の中心にグーグルがいる。先ほど、

「これから始まる『本当の大変化』は、着実な技術革新を伴いながら、長い時間かけて緩やかに起こるものである。短兵急ではない本質的な変化だからこそ逆に、ゆっくりとだが確実に社会を変えていく。『気づいたときには、色々なことがもう大きく変わっていた』といずれ振り返ることになるだろう」

と書いたが、人は、ネットの世界に住まなくたって、これまで通りのやり方で生きていける。そう思う人たちがマイノリティになる時代はそう簡単にはやってこない。

ゆっくりと確実に変わっていく社会の姿とは、二つの価値観が融合し、何か新しいものが創造される世界だろうか。それともお互いに理解しあうことのない二つの別世界が並立するようなイメージとなるのだろうか。本書を読み終えたときに、改めてこの問いを思い出してほしい。

第一章

「革命」であることの真の意味

†オープンソースと三大潮流

一九九四年にシリコンバレーにやってきて一一年が過ぎていったが、その間に起きたいちばん不思議な現象が、オープンソースだった。

オープンソースとは、あるソフトウェアのソースコード（人が記述したプログラムそのもの）をネット上に無償で公開し、世界中の不特定多数の開発者が、自由にそのソフトウェア開発に参加できるようにし、大規模ソフトウェアを開発する方式のことである。ソフトウェアが構築されていくプロセスがすべてオープンになっていて、劇場的空間の中でイノベーションの連鎖が起こっていくのだ。こんな世にも不思議な方法で開発されたリナックスの成功は、「企業組織の閉じた環境において厳正なプロジェクト管理のもとで開発されるもの」という大規模ソフトウェアの常識を完全に覆してしまった。

オープンソースの本質とは、「何か素晴らしい知的資産の種がネット上に無償で公開されると、世界中の知的リソースがその種の周囲に自発的に結び付くことがある」ということと「モチベーションの高い優秀な才能が自発的に結びついた状態では、司令塔にあたる集権的リーダーシップが中央になくとも、解決すべき課題（たとえそれがどんな難題であれ）に関する情報が共有されるだけで、その課題が次々と解決されていくことがある」ということである。

現代における最も複雑な構築物の一つである大規模ソフトウェアが、こんな不思議な原理に基づいて開発できるものなのだという発見は、インターネットの偉大な可能性を示すとともに、ネット世代の多くの若者たちに、とても大きな自信と全く新しい行動原理をもたらした。

そしていまや、オープンソース開発者人口は全世界で二〇〇万人を超えた。最先端ソフトウェアに関するグローバルでバーチャルな巨大開発組織が、ネット上に生まれてしまったのだ。一〇年前には影も形もなかった「目に見えない組織」が、開発対象領域をどんどん広めながら、日々進化を続けて大きくなっているのである。

序章では、「インターネット」と「チープ革命」という二つの現象の意味について詳述したが、それにこの「オープンソース」を加え、本書では「次の一〇年への三大潮流」と定義したい。この三大潮流は相乗効果を起こし、間違いなく「次の一〇年」を大きく変えていく。

「三大潮流？　どの話も、無料とかコスト低下とか、儲からない話ばっかりじゃないか」と反射神経的に反応された読者も多いかもしれない。そしてそれは、日本の大企業幹部の典型的反応でもある。そうその通り。旧来の考え方で営まれるビジネスや組織に対して、この三大潮流は破壊的に作用する傾向が強い。慣れ親しんだ仕事の仕方を変えずにいると、年を経るごとに、少しずつ少しずつ苦しくなっていく。しかし三大潮流に抗するのでなく、その流れに乗ってしまったらどうだろう。その流れが行き着く先を正確に予想することはできないが、流れに身を任せた知的冒険は、きっと面白い旅になるのではあるまいか。

†時の常識と次代を変える「力の芽」

私がシリコンバレーや米国のIT産業に知的に惹かれるのは、「次の一〇年」を変える「力の芽」を体現する会社が無から生まれてとてつもなく大きな存在になるからである。インテル、マイクロソフト、アップル、シスコ、アマゾン、ヤフー、グーグル。皆、最初は無から始まった。でも「次の一〇年」を変える大きな「力の芽」を内包していたから、色々な幸運が重なってこれほど大きな存在となるまで成長した。でも始まったばかりのときの「力の芽」は、普通の暮らしをしている人からは目に見えないほど些細なことであり、そういうことに大騒ぎしている奴等はよほどの「おっちょこちょい」か「いかがわしい山師」に見えるものである。

「次の一〇年」を変える「力の芽」を考えるときに私が一つの拠り所としているのは、その「力の芽」が「持てるもの」によって忌避される類のものである一方、「持たざるもの」

にとってはもの凄い武器であるときにその「力の芽」は着実に育つ、という判断基準である。

シリコンバレーでは、身の回りで常に新しい「力の芽」が生まれ続けている。シリコンバレーに生活拠点を移してまもない頃、私は気づいた。一つ前の世代の原理原則で動く仕事において失うものが大きくなるにつれ、新しい「力の芽」を面白がることができなくなり、それらを過小評価し最後には否定するようになる、ということに。だとすれば、大きな会社に勤めたままでは真にシリコンバレーにいることにはならず、この地の本当の面白さは実感できないと確信し、会社を辞めた。

たとえばオープンソースの場合も、リナックスの成功が証明された今でこそ、産業界で認知されるようになったが、勃興しつつある一九九八年段階では「過激な少数意見」に過ぎなかった。

当時広く使われていたソフトウェア製品は、どれを取っても一企業の閉じた環境で開発されたものばかりだった。開発者は、その企業の社員か契約者に限られていた。企業は優れたプログラマーを雇い、プロジェクトリーダーを置き、社内に大規模プロジェクトを組織して製品を作る。そんな風にして開発されたソフトウェアのソースコードは「企業の知的財産そのもの」であり最高機密。これが時の常識であった。

†「過激な少数意見」

この常識に真っ向から挑む「過激な少数意見」がオープンソースだった。オープンソースでは、ソフトの中核部分がインターネット上で公開され、世界中のプログラマーたちが寄ってたかって新機能を開発し、性能向上させ、バグ修正し、完成度を高めていく。そのプロセス全体がオープンになっている。彼ら彼女らは誰からも強制されない。一円も貰わず、ただただ「好きで楽しいから」素晴らしいプログラムを書く。そんなソフト開発のほうが、一企業の閉じた環境の中で開発されるソフトよりも遥かに素晴らしいものを生むと、オープンソース信奉者たちは言った。

一九九八年とはどんな時代だったかを思い出してみれば、信奉者たちがどれほど「おっちょこちょい」に見えたかが実感できる。九五年から九七年にかけて熾烈を極めたブラウザー戦争は、先行したネットスケープを、マイクロソフトが物量にモノを言わせて猛追するという構図だった。社員プログラマーを大量投入し、プロジェクトの優先度を上げ、ビル・ゲイツの肝いりでエクスプローラの開発が進められた。ネットスケープもその戦争に負けじと、異例のスピードで株式を公開して資金を調達し、その資金で社員プログラマーをどんどん増やして開発競争に明け暮れた。その結果、マイクロソフトが勝利を収め、ネットスケープは九七年末から経営危機に陥った。

当時、ほぼすべてのソフトウェア企業が、「マイクロソフトと同じ土俵で、同じやり方で競争したら絶対に勝てない。マイクロソフトに買収してもらうのがいちばんだ」と強く思った。そんな気分がシリコンバレーに充満していたのが、オープンソースが脚光を浴び始めた一九九八年だったのである。

しかしそれから七年以上が経過し、オープンソースは「過激な少数意見」から「時の常識」になった。従来のソフトウェア開発の常識からすれば絶対にあり得ないやり方、つまり、スペックもない、製品計画や製品戦略もない、開発工程管理もリリース計画もないインターネット上のバーチャル大規模開発プロジェクトから、現代で最も複雑な構築物が生みだされ、しかも日々進化を続けるという不思議な事実は、認知されたのである。

七〇年代後半から八〇年代前半にかけては「パソコンなどというオモチャが情報システムとして使われるわけがない」、これが常識だった。九〇年代前半には「インターネットのような中央管理機能のないいい加減なネットワークが、情報スーパーハイウェイであるはずがない」、それが常識だった。しかし、起業家のエネルギーと技術革新の進行は、巨大なパソコン産業やインターネット産業を生み出し、世界が変わった。それと同じことが、オープンソースを巡って今起きているのだ。

†ネット世界の三大法則

「インターネット」「チープ革命」「オープンソース」という「次の一〇年への三大潮流」が相乗効果を起こし、そのインパクトがある閾値《いきち》を越えた結果、リアル世界では絶対成立し得ない「三大法則」とも言うべき全く新しいルールに基づき、ネット世界は発展を始めた。

その「三大法則」とは、

第一法則：神の視点からの世界理解
第二法則：ネット上に作った人間の分身がカネを稼いでくれる新しい経済圏
第三法則：(≒無限大)×(≒ゼロ)＝Something、あるいは、消えて失われていったはずの価値の集積

である（図参照）。

第一法則の「神の視点」とは、「全体を俯瞰する視点」のことである。

たとえばインターネット事業者と顧客の関係で考えてみよう。ネット事業者とは、顧客

ネット世界の三大潮流と三大法則

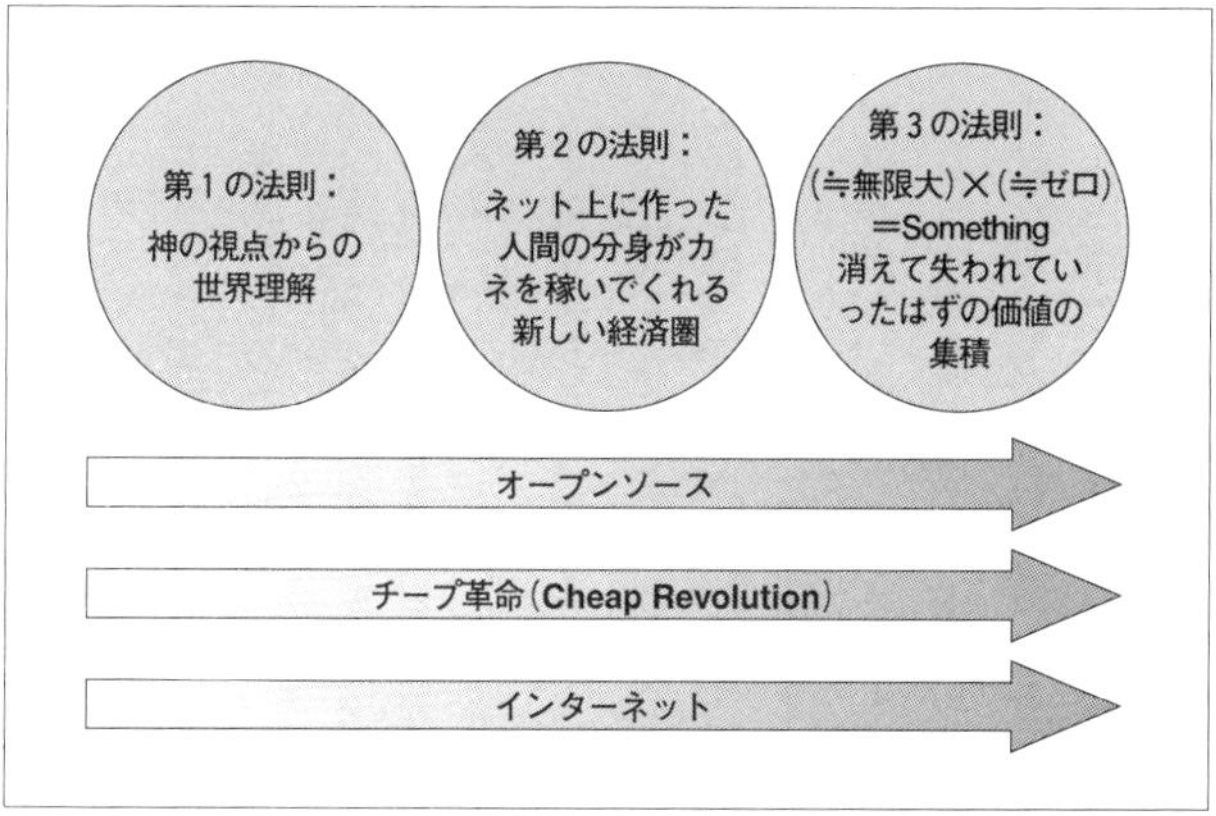

一人ひとりに対してあるサービスを提供する存在である。ヤフーはメディア的な情報サービスを、楽天は商取引や金融サービスをそれぞれの顧客に提供する。これがネット事業者に対するごく普通の理解である。

しかし同時に、こうしたネット事業者は、一〇〇万人単位とか一〇〇〇万人単位という、ほぼ不特定多数無限大と言ってもよいほど厖大な量の顧客が、「そのサービスを利用して何をしているのか」についての情報（誰が何をいくらでいつ買ったか、どんな記事を読んだか……）をすべて自動的に収集できる。情報収集コストや情報保存コストが限りなくゼロに近づき、厖大な情報を処理するコストも下がったため、収集して保存するだけでなく、「全体を俯瞰する視点」でその顧客世界「全体」を丸ごと分析し、「全体」として何が起きているのかを理解できるようになった。

別の例で考えてみよう。検索エンジンというのは、検索したい言葉をユーザが入力し、結果としてその言葉に適した情報のありかが示されるサービスである。これが顧客の利便性という視点からのごく普通の理解だ。しかし同時に検索エンジン提供者は、世界中のウェブサイトに「何が書かれているのか」ということを「全体を俯瞰した視点」で理解することができる。そしてさらに、世界中の不特定多数無限大の人々が「いま何を知りたがっているのか」ということも「全体を俯瞰した視点」で理解できるわけだ。

極めて単純な例から考え方を示したに過ぎないが、厖大な量のミクロな「動き」を「全体」として把握することが「神の視点からの世界理解」である。

第二法則とは、「ネット上にできた経済圏に依存して生計を立てる生き方」を人々が追求できるようになったことである。ネット上に自分の分身（ウェブサイト）を作ると、リアルな自分が働き、遊び、眠る間も、その分身がネット上で稼いでくれる世界が生まれた。個人にある種の才覚とネット上での行動力さえあれば、リアル社会に依存せずとも、ネット上に生まれた十分大きな経済圏を泳ぐことで生きていける可能性が広がりつつある。夢のような話に聞こえるかもしれないが、「夫婦共働き（ダブル・インカム）」に代わって、「リアルで共働きは当たり前、それに加えて夫婦それぞれの分身がネット上で稼ぐクアドラプル（四カ所からの）インカムで、家計のポートフォリオを組む」時代がやってくるかもしれない。ネット上のバーチャル経済圏の存在は、ネット未経験者には全く実感できない世界である（第二章、第三章で詳述）。

第三法則とは、序章で例に出した「一億人から三秒弱の時間を集める」ことで「一万人がフルタイムで一日働いて生み出すのと同等の価値を創出する」ような考え方のことである。たとえばお金であれば一円以下の端数、時間ならば数秒といった、放っておけば消えて失われていったはずの価値を「不特定多数無限大」ぶん集積しようという考え方である。もしその自動集積がほぼゼロコストでできれば、「Something」（某かの価値）になる。リアル世界の発想では「無」だったものが「Something」になるのだから大事件である。

これら三大法則は、ネット世界でのみ成立する。今は何のことか実感が湧かないかもしれないが、本書で議論するさまざまな新しい事象を読み進めるにつれて、だんだんに理解を深めていただければと思う。

†「何ものにも似ていない」こと

ところで、ノーベル物理学賞を受賞したファインマン教授の名著に『ファインマン物理学』（砂川重信訳、岩波書店刊）という教科書がある。ファインマンはこの教科書の第五巻

「量子力学」の冒頭で、これから自分が量子力学をどう教えていくつもりなのか、学生の立場で言えば量子力学を学ぶときの最も大切な姿勢について、こう書いている。

「〝量子力学〟は物質と光の性質を詳細に記述し、とくに原子的なスケールにおける現象を記述するものである。その大きさが非常に小さいものは、諸君が日常直接に経験するどのようなものにも全く似ていない。それらは波動のようにふるまうこともなく、また粒子のようにふるまうこともない。雲にも、玉突きの球にも、バネにつけたおもりにも、また諸君がこれまで見たことのある何ものにも似ていないのである。」

「この章では、その不可思議な性質の基本的な要素を、そのもっとも奇妙な点をとらえて、真正面から直接、攻めることにする。古典的な方法で説明することの不可能な、絶対に不可能な現象をえらんで、それを調べようというのである。そうすることにより、ズバリ量子力学の核心にふれようというわけである。実際、それはミステリー以外の何ものでもない。その考え方がうまくゆく理由を〝説明する〟ことにより、そのミステリーをなくしてしまうことはできない。ただ、その考え方がどのようにうまくゆくかを述べるだけである。」

ファインマンは、これまでニュートン力学を学んできた学生に、量子力学で取り扱う対象（原子的なスケールにおける現象）を「これまで見たことのある何ものにも似ていない」

と肝に銘じて丸ごと理解しなければいけない、ニュートン力学からのアナロジーで理解しようとしてはいけない、と強く釘を刺しているのである。

ニュートン力学の世界から見た量子力学の世界と同様に、リアル世界からネット世界を見れば、それは「不可思議」「奇妙」「ミステリー」以外の何ものでもなく、その異質性や不思議さをそのまま飲み込んで理解するよりほかない。「これまで見たことのある何ものにも似ていない」ネット世界の性質のエッセンスが、ここで述べた三大法則に集約されているのである。

†シリコンバレー長老たちの知恵

新しく生まれる技術の社会に及ぼすインパクトが大きすぎる場合、最初は期待ばかりが盛り上がる。でも産業・社会全体におけるその技術の本当の意味がわかるまでには、少なくとも一〇年という歳月をかけての試行錯誤が必要となる。その過程で、過剰な期待とその期待には容易には応えられない現実との間にギャップが生まれるため、バブルが生成されて崩壊する。

二〇〇〇年春のネットバブル崩壊後、特に二〇〇一年から二〇〇三年にかけて、シリコンバレーには苦しく厳しい調整期が続いた。ようやく二〇〇三年末になって、

「シリコンバレーは復活するぞ」

私はやっと自信を持ってこう言うことができるようになった。

ネットバブル崩壊に接し、シリコンバレーを生み育ててきた長老たちは皆、おたおたする若い世代を横目に「歴史は繰り返す」と泰然自若としていたが、老人たちが正しかったのだと、そのときになって私はつくづく思った。

一九七〇年代から八〇年代前半にかけて盛り上がったPCバブルが一九八三年に崩壊した過程のあれこれを、長老たちは自らの経験として記憶していた。泡沫PCメーカー等の株式公開が相次ぎ、その直後にPC関連株が半値以下に下落したのが八三年。新興勢力がその調整で苦しむさなか、旧勢力の巨人・IBMの従業員数が四〇万人を超えて「我が世の春」を謳歌していたのが翌八四年のことである（旧勢力が瓦解した「一九九一年IBM赤字転落」までにはまだ七年の歳月を必要とする）。

しかし厳しい調整期の淘汰を乗り切って強靭になった新興勢力が次々と株式公開を果たしたのが一九八六年。三月四日にサン・マイクロシステムズ（ワークステーション）。三月一二日にオラクル（データベース）。三月一三日にマイクロソフト（基本ソフト）。四月四日にEMC（ストレージ）。五月二九日にサイプレス（半導体）。八月一三日にアドビ（画像処理ソフト）。九月二四日にインフォミックス（データベース）。一〇月八日にチップス・アンド・テクノロジー（半導体）。一〇月二九日にシリコン・グラフィックス（画像処理ワークステーション）。

「次の一〇年」（企業によっては二〇年）の産業発展を支えることとなったこうした企業群の株式は、公開時から世紀を超えて一五年以上にわたり、年率平均二〇％以上のリターンを一般投資家にもたらした。この優良企業の豊作年は、ビンテージ・イヤー「ザ・クラス・オブ・一九八六」（八六年卒の同窓会）として今も語り継がれている。

長老たちの目には、スケール感はやや違うとはいえ、八三年夏のＰＣバブル崩壊と二〇〇〇年春のネットバブル崩壊の本質は同じに見えていた。必ず「歴史は繰り返す」と彼らは確信していた。

「ザ・クラス・オブ・一九八六」を生み出した地殻変動の本質は「垂直統合から水平分業への変化」をＩＴ産業に引き起こしたことにあり、その本質を象徴する企業がインテルでありマイクロソフトでありオラクルだった。そしてこれから「三大潮流・三大法則」が引き起こす地殻変動の本質は、「ＩＴとネットワークの価格性能比が臨界点を超えたことで、私たちが想像もできなかった応用が現実のものとなる時代の到来」で、その本質を象徴する企業がグーグルである。

†ブライアン・アーサーの技術革命史観

サンタフェ研究所のブライアン・アーサー（複雑系経済学のパイオニア）は、二〇〇三年一一月に「経済はどこに向かうのか」というテーマの講演（レッグ・メイソン・ファンド主催）を行った。そこで彼は、情報革命を五つの大革命のうちの一つだと彼の歴史観の中に位置づけた。

第一は、英国で起きた産業革命。時期はややあいまいだが、一七八〇年から一八三〇年。紡績機械分野で、主に水力による工場システムである。

第二は、同じく英国で起こった鉄道革命。一八三〇年から一八八〇年。蒸気動力の時代。

第三は、ドイツに移り、電動機と鉄鋼のような重工業分野で起こった革命。

第四は、米国が先駆者となった製造業（マニュファクチャリング）革命。一九一三年（T型フォード大量生産開始）から一九七〇年代まで。大量生産、自動車産業の成立。石油の時代。

そして第五が、一九六〇年代に米国で緒についた情報革命。ARPANET（米国防総省の高等研究計画局〔ARPA〕が導入した、インターネットの原型となったコンピュータ・ネットワーク）発祥は一九六九年。最初のインテルチップが開発されたのが一九七一年。

その革命が今も続いている。

こうした革命的変化に共通するパターンとして、最初の段階ではかなりのスケールでのタービュランス（乱気流、大荒れ、混乱、社会不安）が発生するとアーサーは語った。そしてタービュランスに続いて、メディアが書きたてるメディア・アテンションのフェーズに移行し、そして過剰投資が起き、バブル崩壊へと突き進む。鉄道革命のケースでは、メディアが書きたてたのが一八三六年、バブル崩壊は一八四七年に訪れたという。そして人々は、その技術はもう終わったと考える。新聞は興味を失い、技術はその妖しげな魅力を放たなくなる。人々はそれについて語らなくなる。でも面白いことに、それから一〇年・二〇年・三〇年という長い時間をかけて、「大規模な構築ステージ」に入っていく。

鉄道の場合は、バブル崩壊後の一八六〇年から一九〇〇年にかけて、鉄道線路は三万マイルから三〇万マイルへと伸びたが、その結果起こったのは、大きな経済の転換であった。鉄道は米国の東部経済と西部経済を連結し、規模の経済性を伴うより大きな経済圏が出来上がった。一八六〇年当時、世界経済の辺境・僻地であった米国が、その四〇年後には鉄道がもたらした経済の変質ゆえに、世界最大の経済圏に躍り出る。その土台の上に、大量生産革命を成功させて、米国の時代が築かれた。

以上がアーサーの技術革命史観だ。そしてこの歴史観に基づき、講演で彼は「そして今、同じことがITについて言えるのだろうか」と問いかけた。

マイクロソフトやインテルが登場した時代（七〇~八〇年代）がタービュランス（乱気流、大荒れ、混乱、社会不安）の時代。メディア・アテンションのフェーズに入ったのが一九九〇年代。そして二〇〇〇年のバブル崩壊。そして「大規模な構築ステージ」が二〇〇〇年から二〇三〇年の間に起こるはずだ。アーサーはこう総括した。

†産業革命よりも重要な転換

改めて、アーサーの結論をまとめてみればこうなる。
(1) 二一世紀の最初の二〇―三〇年間に経済に深い変質が起こる。
(2) それはすべてのものがつながってお互いに知的に交信しはじめて、プリミティブだが経済の神経系ができ始めるからである。
(3) 我々が想像したこともなかったような完全に新しい産業が勃興する。
(4) 二一世紀の最初の二〇―三〇年間は、何とか米国もリードできるだろうが、技術は世界に拡散していく。
(5) 英国で興って他国へとコピーされた最初の二つの革命（産業革命と鉄道革命）は、経済の筋肉系を供給した。

(6) 情報革命は、筋肉もエネルギーも供給しない。供給するのは神経系である。

(7) 長期的にみれば、これは産業革命よりももっと深く、もっと重要な転換である。

アーサーが言う一〇年・二〇年単位での「大規模な構築ステージ」を、九〇年代には誰もが「情報スーパーハイウェイ」つまり「物理的なITインフラ」の構築なのだと考えていた。しかし実際に二一世紀初頭に入ってみて明らかになったのは、「大規模な構築ステージ」で作られるのは、実はITインフラではなく、I（情報）インフラで、それによって「情報そのものに関する革命的変化」が起ころうとしているということである。Iインフラの本質は、インターネットの「あちら側」に作られる情報発電所ともいうべき設備だったのだ。そしてそのことに最初に気づき、創業からわずか七年で画期的な大成功を収め、産業界の盟主に一気にのし上がったのが、グーグルという会社なのである。

第二章

グーグル

――知の世界を再編成する

1　グーグルの実現する民主主義

「グーグルはシリコンバレー史の頂点を極めるとてつもない会社だ」

と私が確信したのは二〇〇三年初頭のことだった。シリコンバレーでは、ネットバブル崩壊から半年が経過した二〇〇〇年一一月の感謝祭を境に、人がどんどん減っていった。ハイウェイの渋滞はなくなり、株価は下がり続け、経済の先行きが全く見えない中で、二〇〇一年九月一一日に同時多発テロが起きた。それから米国は「戦争の時代」へと突入していった。その頃の私は、戦争の前ではITもネットも起業家精神もちっぽけなものだなぁと、少し憂鬱な気分で毎日を過ごしていた。

グーグルという会社の圧倒的達成を予感したのはちょうどその頃で、私は、グーグルから勇気と元気の源を与えられたような気がした。シリコンバレーの起業家主導型経済メカニズムは九〇年代後半に研究し尽くされて世界中に輸出された。しかしグーグルのような全く新しいコンセプトの企業をゼロから生み出し、それを世界一の企業にまで育てる力こそがこの地の底力なのだ、と改めて強く確信したからだった。

序章でも述べたように、グーグルの何が凄いのかということをほとんどの人がよくわからない。グーグルは、目に見える製品、手で触れる製品を作っていない。ネットの世界を深く経験したことのない人には、その実体を想像することすら難しい会社なのである。

本章では、何とかその難しさに挑戦する。

次のような順序で、グーグルについて考えていくことにする。

(1)「世界中の情報を整理し尽くす」というグーグルの構想の大きさと、グーグルという会社の個性の質について。

(2) この大きな構想を実現するために、情報発電所とも言うべき巨大コンピュータ・システムをインターネットの「あちら側」に構築してしまったことについて。

(3) その巨大コンピュータ・システムを、チープ革命の意味を徹底追求した全く新しい作り方で自製し、圧倒的な低コスト構造を実現したことについて。

(4) 検索連動広告「アドワーズ」事業に加え、低コスト構造のインフラが存在して初めて可能となる秀逸な「アドセンス」事業を構想・実装し、大変な収益を上げていることについて。「知の世界の秩序の再編成」に「富の再配分」のメカニズムまで埋め込んだ凄さについて。

(5) 二〇世紀までのどんな会社もやったことのないようなやり方で、社内の組織マネジメントに新しい思想を導入し実践していることについて。

(6) 既に存在する多くのネット企業のどの会社とも全く似ていないことについて。

†世界政府が開発しなければならないはずのシステム

グーグルは自らのミッションを「世界中の情報を組織化（オーガナイズ）し、それをあまねく誰からでもアクセスできるようにすること」と定義している。「世界中の情報を組織化する」とは、思いつきで言うのは簡単だが、ちょっと本気で考えれば、どれだけ難しいことかが想像できるはずだ。言語化された人類の過去の叡知のすべてから、世界中でリアルタイムに起きている事象の詳細にいたるまで、グーグルの「世界中の情報を整理し尽くす」というミッションは奥行きが深く、そうやすやすと成し遂げられるものではない。

「世界政府っていうものが仮にあるとして、そこで開発しなければならないはずのシステムは全部グーグルで作ろう。それがグーグル開発陣に与えられているミッションなんだよね」

序章で私は、グーグルに勤める友人のこんな言葉を引用したが、「世界中の情報を組織化する」というミッションは、確かに「世界政府」なんてものがあるとすれば目指すべき方向と言える。

その実現に向けてグーグルは着々と手を打っているのだが、その構想が恐ろしいものだということを多くの人々が具体的に実感できたのは、二〇〇五年六月に「グーグル・アース（Google Earth）」というサービスを開始したときだ。無料でダウンロードできるグーグル提供のソフトウェアとグーグルのサービスを使うと、世界全体の衛星写真、起伏に富んだ地形の立体画像、さらに大都市の場合には、建物の意味を示す情報をも含む詳細な三次元画像を、私たちはパソコン上ですべて見ることができるようになった。

たとえば私のシリコンバレーの自宅を「グーグル・アース」で眺めれば、玄関脇に生えている大木や、庭の芝生の形状まで見える。あるとき、友人宅を訪ねる前に、彼の住所を「グーグル・アース」に入力したら、彼の家の庭のプールがくっきりと見えた。彼の家に到着してそんな話をしたら、「おい、プールは何色だった?」と彼が聞いた。「いや普通の水の色だったよ」と答えたら、「ああ、だったら半年以内に撮影された画像だなぁ」と彼は感心した。半年前まで、彼の家のプールには色鮮やかなカバーがかかっていたのだそうだ。

もちろん、東京の詳細な衛星画像も全部見ることができる。適度な高度からズームアップしたり、また高度を上げたりしながら、東京全体を鳥瞰することができる。六本木ヒルズのすぐ近く、六本木七丁目にある米軍のヘリポートなんかもくっきりと全部見える。世界中の政府が「グーグル・アース」に衝撃を受け、戸惑いつつもグーグルを注視しはじめた理由がよくわかるだろう。

私たちはそんな「グーグル・アース」に仰天するわけだが、グーグルはこんなものではぜんぜん満足していない。今の「グーグル・アース」は「挨拶代わりにどうぞ」くらいの感覚でグーグルが世に出したものだ。リアルタイム性や解像度もさらに高め、全地球上で何が起きているかを全部閲覧できるシステムをゴールとしてイメージしているに違いない。チープ革命とはそういうことを可能にする潮流なのである。

「世界中の情報を組織化する」と言えば当然「言語間の壁を取り払う」ための技術、つまり自動翻訳技術の開発も、グーグルの最重要開発課題として視野に入っている。グーグルのビジョンには「言語を意識せずにインターネットを使えるようにする」というゴールが明記されており、人工知能分野や自動翻訳技術分野の専門家を多数集めて研究開発に邁進している。

†ウェブ上での民主主義

「グーグルの連中に際立つ特徴は、インターネットを擬人化して話すしゃべり方ではないかな。こういう姿になりたいという意志をインターネット自身が持っている。自分たちはその意志に導かれて技術開発をしている。彼らの言葉の端々からそんな雰囲気を感じる。しかもそのことを皆、誇らしく思っている」

若い友人が私にこう言ったのは、二〇〇二年の半ば頃のことだったと思う。グーグルという「新しい怪物」の特異性を考え続けていた当時の私の耳には、この友人の言葉が何かの真実を語っているように聞こえてならなかった。

グーグルの創業者たちや早い時期に参画した技術者たちを評して、天才集団というありきたりの表現は使うまい。シリコンバレーの超一流ベンチャーというのは、いつの時代でも、飛び切り優秀な連中が集まってスタートするものだからだ。問題はそのグループが持つ個性の性質である。

「グーグルを完全に理解するためには、個人・ビジネス・テクノロジストがインターネットをどういう性格のものと考えるべきかに関する我々の再定義を理解するのが早道だ」という導入部に続く「10 things Google has found to be true」(グーグルが真実だと見出した一〇の事柄)という文章が、同社のウェブサイトにある。(*1) これは企業が自らを語る文章としては、かなり変わっている。その一〇項目の中に、「Democracy on the web works.」(ウェブ上の民主主義はワークする)という項がある。

「グーグルは検索エンジンの会社」というのが一般的なグーグル理解であるが、実際にグーグルが行っているのは、知の世界の秩序を再編成することである。

すべての言語におけるすべての言葉の組み合わせに対して、それらに「最も適した情報」を対応させること。それが検索エンジンの仕事だ。そのためには、日々刻々と更新される世界中のウェブサイトの情報を自動的に取り込んで、解析し続けなければならない。その実現のために、グーグルの三〇万台ものコンピュータが、三六五日二四時間体制で動き続けている。

では、すべての言語におけるすべての言葉の組み合わせに対する「最も適した情報」とは、どういう基準で順位付けが決定されるべきなのか。グーグルはそこに「ウェブ上での民主主義」を導入したと宣言する。

権威ある学者の言説を重視すべきだとか、一流の新聞社や出版社のお墨付きがついた解説の価値が高いとか、そういったこれまでの常識をグーグルはすべて消し去り、「世界中に散在し日に日に増殖する無数のウェブサイトが、ある知についてどう評価するか」というたった一つの基準で、グーグルはすべての知を再編成しようとする。ウェブサイト相互に張り巡らされるリンクの関係を分析する仕組みが、グーグルの生命線たるページランク・アルゴリズムなのである。

リンクという民意だけに依存して知を再編成するから「民主主義」。そしてこの「民主主義」も「インターネットの意志」の一つだと、彼らは信奉しているのだ。

そもそも現代社会とITの関係については、かなり前から二つの対立した視点があった。私たちが今生きているこの社会のたいていの仕組みは、ITなど存在しなかった頃に成立したものである。その前提に立ち「ITは既存社会の枠組みの中で道具として使いこなすべき」という視点と、「ITの進歩によってはじめて可能となる新しい仕組みを是とし、人間の側こそがそれに適応していくべき」という視点である。ただITが未成熟だった時代は、この対立がそれほど深刻なものとはならなかった。既存社会の側が巧みに取り込んでいける程度の能力しか、ITが持ち得なかったからである。

しかし第一章で詳述した三大法則を体現したグーグルという会社は、この二つの対立における後者の視点で世界を眺め、後者の視点で世界を作り直そうとしている。「インターネットの意志」を実現したいという欲求、言い換えれば「インターネット神への信仰心」のようなものの強さが、グーグルという会社の特異な個性と言えるのである。

2 インターネットの「あちら側」の情報発電所

†ネットの「こちら側」と「あちら側」

グーグルを考える上で押さえておかなければならない基本がある。それはネットの「こちら側」と「あちら側」の違いについてである。そして技術進化の大きな流れとして、ネットの「こちら側」から「あちら側」へのパワーシフトが、これから確実に起きてくるのだということである。こうした技術進化の大きな流れの上に、現代におけるグーグルの存在意義が規定される。

ネットの「こちら側」とは、インターネットの利用者、つまり私たち一人一人に密着したフィジカルな世界である。携帯電話、カーナビ、コンビニのPOS端末、高機能ATM、デジタル三種の神器（薄型テレビ、DVDレコーダー、デジカメ）、無線ICタグ。皆、インターネットと私たち一人一人を結びつけるインターフェース部分にイノベーションを求めるものだ。そしてこれらが、モノづくりを中心とした日本企業の従来からの強み、そして消費者としての日本人の嗜好ともうまく合致したため、日本は世界の最先端を疾走することになった。

一方、ネットの「あちら側」とは、インターネット空間に浮かぶ巨大な情報発電所とも言うべきバーチャルな世界である。いったんその巨大設備たる情報発電所に付加価値創造のシステムを作りこめば、ネットを介して、均質なサービスをグローバルに提供できる。グーグルをはじめ、アマゾン、eベイ、ヤフーといった米国ネット企業群による「あちら側」のイノベーションは、手触りのある「こちら側」のイノベーションと違って目に見えない。それだけに何が起きているのかが掴みにくい。しかし米国では、コンピュータ・サイエンス分野のトップクラスの連中は皆、その才能の活かし所を「あちら側」での情報発電所の構築と見定めたようで、この領域は米国の独壇場となっている。

インターネット時代の到来からまだまもない一九九五年秋、ネットワーク・コンピュータ（NC）という構想が提唱された。NCとはハードディスクを持たないPCのことで、当時は五〇〇ドルPCとも称された。新しいコンピューティング・スタイルにおいては、インターネットの「こちら側」（端末）に情報を蓄積する機能（ハードディスク）は不必要になる、情報はすべてインターネットの「あちら側」に持てばよいのだから、という思想が背景にあった。

九五年のNC構想は「ネットワークが高速化していくと、PC一台の中で情報をやり取りする速度（ハードディスクへのアクセス速度）も、ネットワークを介して情報をやり取りする速度もほぼ同じになる」という早すぎた世界観に基づいていた。当時の処理性能では、「こちら側」に情報蓄積できないNCは使い物にならなかった。トライアルはすべて失敗に終わり、NCという言葉もいつしか忘れられてしまった。ただNCが提起した問題は本質的だった。

チープ革命はそれから一〇年間たゆまず進展し、ネットワークへのアクセス速度だけでなく、コンピュータの処理性能も著しく向上した。そして今や、「こちら側」に置いた情報を「こちら側」で処理するコンピューティング・スタイルよりも、「あちら側」に置かれた情報を「あちら側」に作った情報発電所で処理するほうが高性能かつ合理的だというコンセンサスが生まれつつある。「あちら側」ですべてをやって「こちら側」を軽くするという考え方は、NC当時から理想として掲げられていたが、当時は「あちら側」にそれだけの能力のシステムが作れず、またネットワークへのアクセス速度も遅かったので、机上の空論に過ぎなかった。これが一九九五年と二〇〇五年の差、つまり一〇年かけて変化した現実なのである。

もしこれから多くのユーザが、自分の情報を「こちら側」に置かずに「あちら側」におくほうが色々な意味で良いと確信すれば、産業全体における情報の重心は移行していく。NC構想当時は「ネットの高速化」だけが議論の背景にあったが、今は「あちら側」にある情報発電所の処理能力やセキュリティ面での優劣も考慮に入れ、情報の重心についての議論がさらに深化している。

情報をインターネットの「こちら側」と「あちら側」のどちらに置くべきか、情報を処理する機能を「こちら側」と「あちら側」のどちらに持つべきなのか。このトレードオフが、これからのIT産業の構造を決定する本質である。歴史的に見てもIT産業の覇権は、情報の重心を巡って争われてきた。ネットバブル崩壊によって否定されたかに見えた「あちら側」の可能性は、グーグルの登場によって息を吹き返したのである。

†IBMのパソコン事業売却の意味

「こちら側」と「あちら側」を考える上で象徴的だったのは、二〇〇四年米国IT産業二大ニュースの鮮やかな対比だ。グーグルの株式公開（八月）と、IBMによる中国企業「聯想集団（レノボ・グループ）」へのパソコン事業売却（一二月）である。

年間売上高一兆円以上のIBMのパソコン事業売却額が二〇〇〇億円にも満たなかった一方、公開当時売上高約三〇〇〇億円のグーグルの株式時価総額は公開直後に約三兆円。

この差こそが、ネットの「こちら側」から「あちら側」へのパワーシフトを意味していた。

ところでここ一、二年、「IT産業における日米の関心が明らかに違う方向を向いたな」と感ずることが多くなったのだが、それは、日本が「こちら側」に、米国が「あちら側」に没頭しているからである。ちなみに、日本の「あちら側」についての認識は今のところ、「こちら側」にイノベーションを起こすために必要な仕掛けという程度である。日本と米国が独自の特色を生かして棲み分けているのは悪いことではないという考え方もあるが、事の本質はそう簡単ではない。「こちら側」と「あちら側」は、いずれ付加価値を奪い合うことになるからである。

ネットとパソコン（あるいは「こちら側」のモノ）がつながって、私たちが利便性を感ずるとき、その利便性を実現している主体が「こちら側」のモノなのか、それとも「あちら側」からネットを介して提供されてくる情報やサービスなのかということを、消費者の多くはあまり意識しないものだ。しかしここが、これからの付加価値争奪戦の戦場になる。

付加価値が順次「あちら側」にシフトしていき、「こちら側」のモノはコモディティ（日用品）になる、誰でもいいから中国で作って世界に安く供給してくれればいい、というのが、米国が描くIT産業の将来像だ。IBMパソコン事業の中国企業への売却はそれを象徴している。一方、モノづくりの強みの発揮に専心し、そこにしか生き場所がないと自己規定するあまりに「こちら側」に没頭しているのが、現在の日本ＩＴ産業の姿とも言える。

†電子メールは「こちら側」に置くか「あちら側」に置くか

二〇〇四年三月三一日、グーグルはＧメールという無料電子メールサービスへの参入を発表した。グーグルは、電子メールを保存するためのスペースとして、ユーザ一人ずつに一ギガバイトという巨大ストレージを、ネットの「あちら側」に無償で用意すると発表した。ちなみにこの「一人一ギガバイト」ということの意味は、チープ革命のたゆまぬ進展のおかげで、年々有難味が少しずつ薄くなって現在に至っているが、二〇〇四年三月時点では大変な衝撃が産業界に走った。これだけの巨大ストレージを世界中の人たちに無償提供できるはずがないから、「一日早いエイプリルフールに違いない」と真剣に主張する人たちもかなりいた。エイプリルフールでないとわかったとき、グーグルの情報発電所が、常識の範囲では想像できないほどの低コストで運営されていることが明らかになった（次節で詳述）。

私たち一人一人がネットの「こちら側」（つまりＰＣのハードディスクの中）で保存している電子メールをすべて「あちら側」に移してしまおう、というのがグーグルの意図するところである。マイクロソフトは、情報が「こちら側」に存在する限り、その情報（例、電子メール）を処理するためのソフト（例、アウトルック）で覇権を維持できる。一方グーグルは、世界中の情報を組織化するための情報発電所を「あちら側」に作り上げようとしている。よって、情報が「こちら側」から「あちら側」に移りさえすれば、グーグルは自分の土俵で相撲が取れる。情報発電所の機能を増強することで、さまざまな新しいサービスを自在に付加できるからである。

まず、検索機能はグーグルの得意中の得意であるから、Gメールのユーザは過去の電子メールの内容を高速検索できるようになる。これは自明だ。そしてさらに、スパム（迷惑メール）の除去、ウィルスの駆除といった機能も「あちら側」に用意する。スパムやウィルスは、攻める側と守る側での「いたちごっこ」が永久に続く世界で、現在「こちら側」に情報を蓄えるコンピューティング・スタイルの場合、守る側のベンダー（例、マイクロソフト）は頻繁にソフトを改善して配布し、私たちはその都度「こちら側」のソフトを書き換えなければならない。しかし、グーグルをはじめとする「あちら側」の勢力は、「「あちら側」の情報発電所はプロフェッショナルが運営しているのだから、その中でウィルス駆除やスパム除去など、必要な処理はすべて「あちら側」でやって、情報も安全なものにして届けますよ、水や電気と同じように」

という論理で、すべての情報の重心を「こちら側」から「あちら側」に移行させようと企むのだ。

　ではグーグルがこのGメールを巡ってどんなビジネスを構想するのか。グーグルが考えるのは、「個々人の電子メールの内容を自動的に判断し、最適な広告へのリンクを電子メールに忍ばせる」というビジネスである。普通の感覚の持ち主ならば、プライバシーの塊たる電子メールにその内容に合った広告が挿入される薄気味悪さを感じ、私信を盗み見されているような嫌悪感を抱く。しかしグーグルはそう考えない。

「迷惑メールの除去やウィルスの駆除のために、電子メールの内容をその判断材料に使うのは現代の常識です。これまでそれを誰も問題にしなかったでしょう。電子メールへの広告挿入にも同じような技術を使います。作業は全部コンピュータが自動的にやるんです。そのプロセスに人間は関与させません。悪いことをするのは人間でコンピュータではありません。人間はこのプロセスから遠ざけます。そのルールはがっちり守ります。だからプライバシー侵害の危険はないのです」

　こんな全く独特の思考回路で、個人の電子メールというプライベート空間までを広告事業の対象にできないかと、グーグルは発想するのである。

3　グーグルの本質は新時代のコンピュータ・メーカー

†情報発電所のシステム

「ネットの「あちら側」の巨大な情報発電所」などと曖昧な表現をしてきたが、具体的にそれは何か。もちろん、巨大なコンピュータ・システムである。

グーグルほど大きな構想のサービスではなくても、何かネット事業を始めようとするならば、ネット空間に情報発電所っぽいシステムを作らなければならない。チープ革命のおかげで、簡単なサービスなら、自宅のパソコン一台をネットに常時接続して、その上にサービスを作ればいい時代になった。それがネット空間に浮かぶ情報発電所の始まりになる。しかし、ユーザ数が増え、トラフィック量も増え、セキュリティにも配慮しなければならなくなるにつれて、さすがにパソコン一台では処理しきれなくなってくる。

普通ならそこで、自社サービスをきちんと処理するためにはどんなコンピュータ・システムを作らなければならないのかを考え、コンピュータ・メーカーあるいはシステム・インテグレータに発注して情報発電所のインフラを作らせる。ネット企業は、そのインフラの上にソフトウェアを作り、サービスの向上に邁進する。

グーグルは、こういう普通の考え方でネット事業を構築する気がさらさらなかった。誰にもインフラ構築を発注しなかった。チープ革命の恩恵を最大限活用するために、情報発電所のインフラをゼロから自製することにしたのである。

ところで「コンピュータ・システムそのものを設計する」という学問分野は、コンピュータ・アーキテクチャとかシステム・ソフトウェアとか呼ばれていて、抜きん出て米国が進んでいる。しかしこの一〇年の学問的進歩は、IT産業にあまり活かされなかった。

九〇年代にPC産業が巨大化し、マイクロソフトのOSとインテルのマイクロプロセッサだけに付加価値が集中したことはよく知られている。チープ革命は「規模の経済性」が強く働く分野で加速がつく。よってインテルとマイクロソフトが規定するPC周辺での価格性能比の向上が著しく、ユーザはその流れに身を任せていれば大満足となった。PCの価格性能比の向上スピードに敵わなくなったという理由で、全く新しいコンピュータ・システムの設計は、コンピュータ・メーカーによって行われなくなってしまったのである。

グーグルの二人の創業者（セルゲイ・ブリンとラリー・ペイジ）は、スタンフォード大学コンピュータ・サイエンス学科の出身だが、ここは全米でもトップクラスのコンピュータ・サイエンス研究のメッカである。当然、彼らはこの一〇年の学問的進歩がＩＴ産業に活かされていない現実を百も二百も承知していた。活用されていない研究成果の凄さや、そういうシステムを作れるレベルの高い人材の厚みがシリコンバレーに存在することも熟知していた。

†ゼロから自分たちで作る

そこで彼らが考えたのは、ネットの「あちら側」に自分たちが作る情報発電所は、「コンピュータ・システムそのものを設計する」という学問分野におけるここ一〇年の成果をすべてぶち込んで、全部ゼロから自分たちで作ろう、ということだった。価格性能比向上スピードが著しいマイクロプロセッサやストレージといった部品群を大量に並べて、大規模な情報を高速に信頼性高く処理できる低コストのコンピュータ・システムを作ることにした。しかも構成要素たる一個一個の部品が頻繁に故障しても、全体としてはきちんと動き続けるシステムを構想した。日々増え続けるデータ、日々増え続けるトラフィック量に対応するために、シンプルに部品の量を増やしていけばいい設計を徹底した（専門的にはスケーラブル・アーキテクチャと言い、この考え方がコンピュータ・サイエンスにおいて根源的に重要な概念だと主張する研究者も多い）。

そもそもコンピュータ・メーカーというのは、このように「新しい考え方のコンピュータを設計して世に問う」会社のことだった。グーグルは、PC産業興隆の副作用として消滅した「本当のコンピュータ・メーカー」になろうとしたのだ。

八〇年代までのコンピュータ・メーカーは、設計したコンピュータを一台一台、顧客に売ってまわった。顧客の手元、つまりネットの「こちら側」に置くためには、そうしなければならなかった。でも新時代は違う。グーグルはコンピュータ・メーカーではあるが、作ったコンピュータ・システムを売る必要はない。巨大システムを自社サービス実現のために一つだけ作って、グーグルが世界に向けて提供するサービスの情報発電所インフラとして利用すればいいのである。

誰かに発注すればいいものをゼロから自分で作る意味は何か。突き詰めていくとそれは、圧倒的なコスト優位の実現である。チープ革命の恩恵すべてを会社全体で受け止めようとした結果と言ってもいいのである。

†グーグルとオープンソース

グーグルの情報発電所のハードウェアは、マイクロプロセッサやストレージといった部品群が何十万、何百万と並んだものである（台数は公表されていないが二〇〇五年末現在でボードが三〇万台程度接続されていると推定できる)。「コンピュータ、ソフトなければただの箱」とは言い古された言葉だが、これらを動かすためには、OSやデータベース・システムといったシステム・ソフトウェアが必要だ。これを作るのが難しい。だから皆、普通はマイクロソフトやオラクルが作った完成品を買ってくるのである。ここをグーグルは自作した。

二〇〇三年の春、グーグルのチーフ・オペレーションズ・エンジニアのジム・リースがシリコンバレーでグーグルの情報発電所インフラについて講演した。シリコンバレーでは夜、いつもそんな小さな技術集会が開かれている。ジム・リースはハーバード大学の生物学科を卒業し、エール大学の医学部を出た。CDを出すほどの歌手でギタリストでもあり、本職は神経外科医だ。実際にスタンフォード大学で脳の手術をしたこともあるという。知的好奇心が旺盛で、頭の回転が抜群に速く、何を勉強させてもすぐに皆を追い抜き、本質的なところを瞬時につかんでしまう、ジムとはそういうタイプだろう。そんな男が一九九九年のまだ海のものとも山のものともわからない時代のグーグルに一八人目の社員として入り、専門の脳神経外科とは全く関係のないシステムを構築する仕事を任され、その四年後にはIT産業全体に大きな影響を及ぼし始める。このダイナミズムが、シリコンバレーの真の面白さである。

講演の骨子には「数テラバイトのデータ、三〇億のウェブ上の文書にインデックスをつけ、毎秒数千リクエストをさばく検索エンジンをいかにして作ったか。一万台以上のリナックス・サーバーでできているんだよ」と記載されていた。

リナックスというOSは、オープンソース・プロジェクトから生まれた最も大きな成果である。グーグルは情報発電所を作る上で、無数のオープンソース・プログラマーの貢献によって出来上がったリナックスをはじめ、多くのオープンソース・プロジェクトの成果を無償で利用して、その上に自社のシステム・ソフトウェアを構築した。ここが決定的に重要なところである。いかにグーグルの技術者が凄くても、オープンソースという大潮流が存在しなければ、情報発電所をゼロベースで作ることはできなかったのである。

第一章で、「インターネット」と「チープ革命」と「オープンソース」の三つを「次の一〇年への三大潮流」であると述べたことを思い出してほしい。グーグルの情報発電所は、この三大潮流のすべてを体現した存在なのだ。

ところで、オープンソースの世界は、基本的にネットの「こちら側」でそのソフトウェアが利用されることを前提に、ライセンス関係のルールができあがっている。「こちら側」でソフトウェアを使うとは、「こちら側」の一人ひとりのコンピュータにソフトウェアを配布して使うことを意味する。オープンソースにおけるライセンス関係のルールや利用上の制約は、すべてソフトウェアの配布に関連して定められている。

「コロンブスの卵」みたいな話だが、グーグルのように「あちら側」にたった一つの巨大システムを作るときには、ソフトウェアの配布という問題は生じない。つまりグーグルをはじめとするネット企業ほど、オープンソース世界の成果を自由に活用できる企業形態はないのである。

†「情報発電所」構築における競争優位の源泉とは

ではグーグルの情報発電所は磐石で圧倒的なのか。死角はないのか。

確かにグーグルは、情報発電所を自製するという新しいルールをネット産業に持ち込んだ。この世界、ルールを変えた者が最初はいちばん強い。でもルールが変わったということが認知された以上、これからは競争になる。少なくともヤフーとマイクロソフトの二社は、今後グーグルと激しい競争を繰り広げていくことになろう。

グーグルが作ったシステムと仮に同じものを作ろうとした場合、まず資金力は問題になるだろうか。チープ革命の恩恵をいくら受けているからといって、グーグルの情報発電所は数億円とか数十億円というレベルの資金では作れない。最低でも数百億円規模、人件費も含めれば一〇〇〇億円以上の資金が必要になる。よって、ぽっと出のベンチャーには作れない。でもマイクロソフトやヤフーにとっては、資金が障害になることはない。

資金よりも人材のほうが稀少性が高い。でもマイクロソフトは世界一のソフトウェア企業で人材には事欠かないし、ヤフーもグーグルを追走すると決めてからは、四〇〇〇億円以上のカネをつぎ込んで検索エンジン関係企業を買収し、ヤフー・サーチ・テクノロジー（YST）という部門を作った。グーグルほどではないにせよ、人材は充実している。

しかし私は、マイクロソフトやヤフーが情報発電所構築競争という意味でグーグルを追撃するのは非常に難しいと思う。たとえば、グーグルのジム・リースの肩書きは、チーフ・オペレーションズ・エンジニアであるが、「オペレーション」という言葉は「運用」とか「設備」というような意味で、IT産業では、必要だけれどあまり面白くない仕事という印象がある。たとえば博士号を持つような人材は、普通の企業で「オペレーション」の仕事をすることはない。特に日本のIT企業の幹部にグーグルの話をするときに、「博士号を持った最高のエンジニアがオペレーションの泥仕事を、毎日毎日死に物狂いでやっているような会社ですよ」と言うと、彼らは一様にがっかりする。優秀な人間は自分で手を動かさず誰かに何かをやらせる風土になってしまった企業から見ると、「そんな会社にはかなわないなぁ」という印象を持つようだ。

グーグルの「優秀な人間が、泥仕事を厭わず、自分で手を動かす」という企業文化は、情報発電所構築においてグーグルが競争優位を維持し得る源泉の一つである。

4　アドセンス――新しい富の分配メカニズム

†グーグルが作るバーチャル経済圏

ではグーグルはどんなビジネスを生み出しているのか。これから解説する「アドセンス」というグーグルのビジネスモデルには、グーグルの独特な個性がよく現われている。

グーグルの一〇兆円を超える時価総額が、わずか五〇〇〇人（二〇〇五年末・推定）によって達成されていると聞いて、ほとんどの人はまず株価バブルなのではないかと考える。一人当たり時価総額が二〇億円超というのは、これまでのビジネスの常識では想像できない数字だからである。日本で時価総額二兆円の製造業といえば、連結子会社も含めて一〇万人規模の雇用を生む。その場合、一人当たり時価総額は二〇〇〇万円前後。一〇〇倍以上の差があるからだ。でも株価バブルだという短絡的理解は誤りである。むろんグーグルの株価が高く評価されているのは事実だが、凡百のネット企業の株価バブルとは全く質が違うことは理解しておくべきだ。

何しろ売上高と利益の成長がもの凄い。グーグルの創業は一九九八年九月。ちょうど創業から丸七年が経過した二〇〇五年七―九月期決算（四半期）の売上高は、前年同期比からほぼ倍増の一五億七八〇〇万ドル、純利益が前年同期比七倍強の三億八一〇〇万ドルだった。直近四・四半期合計の売上高は五〇〇〇億円を超え、純利益も一〇〇〇億円を超えている。米国のベンチャー創造の歴史をひもといても、わずか七年で年間売上高が五〇〇〇億円を超えた企業なんて過去にない。売上げを生む仕組みが「アドセンス」などの広告収入で、利益を生み出す仕組みが低コストの情報発電所インフラなのである。その両輪によって、大きな売上高と利益を共に上げ、しかも急成長しているから時価総額が高いのだ。

日本の大手製造業の幹部とグーグルについて話すとき、典型的な反応は「グーグルって、ビジネスモデルは広告でしょ。あんまり興味ないなぁ」というものである。たとえば、「グーグルの情報発電所がどれほど新しいアーキテクチャで出来上がっていて、そのコスト構造が競争優位の源泉になっている」とか「検索エンジンの現代ＩＴ産業における意味は何か」とか、そういう本質的な話に行く前に、「ビジネスモデルは広告」というところで、俺たちには関係ないと思考を停止してしまう人が多い。確かにグーグルの五〇〇〇億円規模の年間売上の大半が広告収入だ。

メジャーメディアの世界広告市場は、三五兆円から四〇兆円くらいの規模である。しかし広告の本質を「製品やサービスの送り手が、自らの存在を潜在的受け手に何とか認知させたいと考える経済行為すべて」と広義に定義しなおせば、その市場規模は一〇〇兆円規模になる。グーグルはこの巨大なカネの流れ方を変えるだけでなく、このカネを原資に全く新しいバーチャル経済圏を形作ろうとしているのである。

「アドセンス」という事業の定義は「無数のウェブサイトの内容を自動識別し、それぞれの内容にマッチした広告を自動掲載する登録制無料サービス」であるが、こう言われても事の本質は摑みにくいだろう。わかりやすく説明しよう。

自前のウェブサイトを持つ個人や小企業が「アドセンス」に無料登録すれば、グーグルの情報発電所がそのサイトの内容を自動的に分析し、そこにどんな広告を載せたらいいかを判断する。そしてグーグルに寄せられたたくさんの出稿候補広告の中から、そのサイトにマッチした広告を選び出して自動配置するのである。

そしてそのウェブサイトを訪れた人が、グーグルによって配置された広告をクリックした瞬間に、サイト運営者たる個人や小企業にカネ（広告主がグーグルに支払う広告費の一部）が落ちる仕組みなのである。つまりサイト運営者は「アドセンス」に無料登録し、そのウェブサイトを粛々と続けて集客するだけで、月々の小遣い稼ぎができるようになるのだ。

月に一〇万円稼ぐにはテーマ性の高い人気サイトを作らなければならないからたいへんだが、月数万円規模ならば少々の努力で、月数千円規模ならばかなりの確率でたどりつく。家に引きこもって、ウェブサイトを通じてネット世界とつながっているだけで、リアル世界で通用する小遣い銭が自然に入ってくる仕組みである。

「何だ、ケチな話をしているなぁ。それだけじゃ喰えないだろ」

などと言うなかれ。それはフルタイムの安定した仕事に従事する「持てる者」の発想だ。グーグル経済圏に最も敏感に反応するのは「持たざるもの」である。学生時代に月二万円、三万円の家庭教師の仕事がどれほど意味あるものだったかを思い出そう。

そして実際に今、英語圏においては、グーグルの「アドセンス」で生計が立つ人が増えている。グーグルが形成する経済圏の規模が大きくなるにつれて、小遣い銭程度から生計が立つレベルにまで個々人の収入規模が上がっていく可能性を秘めている。

グーグル自身が「情報発電所にカネを稼がせている」企業であるわけだが、その下部構造として「ウェブ（個人にとっての情報発電所っぽいもの）にカネを稼がせたい」厖大な個人や小企業によって構成されるバーチャル経済圏が構築されようとしている。

「ネット世界の三大法則」の第二法則「ネット上に作った人間の分身がカネを稼いでくれる新しい経済圏」が、まさにここに具現化されようとしているのだ。

†新しい富の分配メカニズム

「アドセンス」とは、グーグルに集まってくる企業からの広告費を、流通機構を介在させることなく、世界中の厖大なウェブサイトに細かく分配するメカニズムである。「中抜きはインターネットの本質」とは昔から言われ続けてきたことだが、情報発電所の存在ゆえに初めて実現できた複雑な仕組みだ。真の中抜きの実現にはおそろしく高度な技術が必要だったことが、グーグルによって証明されたとも言える。

たとえば時価総額二兆円の製造業ならば、下請け企業群、素材・部品納入企業、販売会社や保守サービス企業など、その企業を中心とした巨大な経済圏が形作られ、地域経済を潤す効果が大きい。その感覚がグーグルには全くない。その代わりに、全く新しいグーグル経済圏をネット上に形作ろうとしているのだが、製造業の経済圏に慣れ親しんだ私たちにはそれが見えない。

二〇〇四年八月の株式公開に際してグーグルが米証券取引委員会（SEC）に提出した書類の冒頭には、創業者から将来の株主に宛てた手紙が添付されている。その中に「MAKING THE WORLD A BETTER PLACE」（世界をより良い場所にすること）という項があり、経済的格差是正への自らの貢献可能性に言及する。

民主主義だ、経済的格差是正だなんて大仰なことを標榜したIT企業は過去に存在しない。そこにグーグルの新しさがある。「インターネットの意志」に従えば「世界はより良い場所になる」と彼らは心から信じているのだ。

グーグルが考える経済的格差是正の可能性は、「アドセンス」という全く新しい「富の分配」メカニズムに、その端緒が現れている。

リアル世界における「富の分配」は、巨大組織を頂点とした階層構造によって行われるのが基本であるが、その分配が末端まであまねく行き渡らないところに限界がある。しかし、いかに対象が厖大であれ、インターネットにつながってさえいれば、その対象は同時にきめ細かく低コストで処理可能である。グーグルはそんなインターネットの本質を具現化することで、リアル世界における「富の分配」メカニズムの限界を超えようとしている。上から下へどっとカネを流し大雑把に末端を潤す仕組みに代えて、末端の一人一人に向けて、貢献に応じてきめ細かくカネを流す仕組みを作ろうとしている。

グーグルのCEO（最高経営責任者）エリック・シュミットは、ことあるごとに「厖大な数の、それぞれにはとても小さいマーケットが急成長していて、自分たちはその市場をターゲットにしている」「厖大な数のスモールビジネスと個人がカネを稼げるインフラを自分たちが用意する」という言い方をする。次章で詳述するが、大きな固定費を持った企業は、極めて小さい市場に対応できない。対応すればするほど損が増すコスト構造になっているからだ。グーグルが作りこんだ情報発電所インフラの存在が、小さな市場の集積から利益を生むことを可能にしているのである。

5　グーグルの組織マネジメント

†情報共有こそがスピードとパワーの源泉という思想

情報を共有することによって生まれるスピードとパワーについて、私たちはもっと真剣に考える必要がある。これから述べるグーグルの組織マネジメントの斬新さと、組織における情報共有の意味は、セットで考える必要がある。そして情報共有を重視する思想は、学生時代からネットを当たり前のものとして育った世代、特にグーグル創業者のようなオープンソース世界を熟知した若いエンジニアが経営する企業に共通するものだと思う。

終章で詳述するが、私は二〇〇五年三月に㈱はてなという日本のネット・ベンチャーに参画し、インターネットを駆使する若い世代の全く新しい仕事の仕方を実際に経験するようになった。社員全員が、戦略の議論、新サービスのアイデアから、日常の相談事や業務報告に至るまで、ほぼすべての情報を社内の誰もが読めるブログに書き込む形で公開し、瞬時に社員全員で共有する。電子メールはあまり使わない。特定の誰かに指示を仰ぐための質問、それに対する回答、普通なら直属の上司にまず報告すべき内容も、すべていきなり全員に向けて公開するのである。

電子メールとは、情報の送り手が情報の受け手を選ぶ仕組みである。つまり情報の隠蔽を基本とする従来型組織を支援する情報システムである。一方、情報の公開・共有を原則とする新しい仕組みの場合、あらゆる情報が公開されていても、絶対に処理しなければならない自分宛の情報以外は、読んでも読まなくてもいい。情報の送り手ではなく受け手が、必要な情報を選んで処理していく。

しばらくして私は、この仕事のスタイルは「組織と情報」に関するコペルニクス的転回なのだと気づいた。私たちが慣れ親しんできた「組織の仕事」では、組織内の情報は隠蔽されているのが基本だ。別の部署で何が起きているのかはわからない。トップが毎日何を議論しているのかを知ることはできない。「この人間にこの情報は開示しても構わない」と誰かが判断した情報だけが開示される環境下で、個々人が仕事をしていく。だから、貴重な情報を握ってコントロールすることが組織を生き抜く原則となる。よって部門内や部門間で、情報共有を目的とする会議が増えていく。

しかしモチベーションの高いメンバーだけで構成される小さな組織で、すべての情報が共有されると、ものすごいスピードで物事が進み、それが大きなパワーを生む。仕事の生産性が著しく向上する。誰かが提示した問題点が別の誰かによって解決されるまでの時間や、面白いアイデアが現実に執行されるまでの時間は、ときに数分という場合さえある。情報共有を前提とした組織原理によって、従来型組織の時間についての常識を破壊するスピード感が出る。

はてなの社内システムは、グーグルが創業時から採用してきた社内システムとよく似たものであるが、五〇〇〇人の公開企業となった大組織グーグルでは、創業以来の社内システムをそのまま五〇〇〇人にまでスケールアップして、しっかりと使い続けている。それはグーグルの経営者が、自らのスピードとパワーの源泉がこの組織原理にあることを強く自覚しているからだ。

†「採用とテクノロジー」

いま米国のネット業界で最も先鋭的なコンファレンスは、オライリー・メディア社が主催する「Etech」(Emerging Technology Conference)である。二〇〇三年四月、その

「Etech 2003」がシリコンバレーで開かれた。グーグルがシリコンバレーに登場した久々の怪物であるということが感度のいい連中にはわかった時期であり、グーグルでは何やら全く新しい仕事のやり方で組織が動いているらしいという噂が流れていた時期でもあった。

このコンファレンスでグーグルの第一号社員（創業者以外で最初にグーグルに正社員として入ったという意味）のクレイグ・シルバースタインが「グーグル、イノベーション、そしてウェブ」というスピーチをした。「グーグルは新しい試みやイノベーションを奨励すると同時に生産性を著しく向上させるために、どんなワーキング・カルチャーを構築しようとしているか」がスピーチのテーマだった。創造性を上げつつ生産性を高めること。それはすべての組織の課題だが、グーグルはどんなアプローチをとっているのか。スピーチ直後に、彼が話した内容のメモ(＊2)や解説(＊3)がネット上にアップされてかなり話題となった。これらの資料を補助線にグーグルの組織マネジメントについて考えよう。

グーグルが目指すゴールは「抜群に優秀な連中を集め、創造的で自由な環境を用意する。ただし情報を徹底的に全員で共有した上で、小さな組織ユニットをたくさん作り、個々がスピード最重視で動き、結果として組織内で激しい競争を引き起こす」というワーキング・カルチャーだとシルバースタインは語った。

アイデアは全社員から集め、すべてのアイデアを全員で共有する。ネット上で議論を尽くして優先順位を決めたら、小さな組織ユニットで全力疾走する。サービスの機能設計、プログラム開発、テストから市場へのサービス投入まで平均三人の小組織ユニットでやってしまう。しかし小さな組織ユニットが壁を作って競争すると非効率になるから、ありとあらゆる情報を全員で共有する。

シルバースタインはスピーチの中で、「こういうプロセスをワークさせるカギは採用とテクノロジーだ」と言ったそうである。この言い切り方が面白い。

創造的であると同時に競争的で、普通の人ならへとへとになりそうな仕事環境を好む優秀な技術者ばかりを採用する。そしてテクノロジー、つまり得意のITと検索技術を駆使して組織マネジメントを行えば、創造性を上げつつ生産性を高めることができる。そういう考え方だ。「凄く頭のいい優秀な連中というのは皆、自分を管理できるのだ」という、身もふたもない原則に支えられたプロセス。米国に脈々と流れる「ベスト・アンド・ブライテスト」信奉に、徹底的な情報共有の考え方を取り入れ、それをテクノロジーで支えようというのである。

†「ベスト・アンド・ブライテスト」主義

「抜群に優秀な連中だけを集める」ということに情熱を燃やし、それを徹底的にやった最初の経営者はマイクロソフトのビル・ゲイツであった。マイクロソフトの人材戦略については『マイクロソフト・ウェイ』(ランダル・E・ストロス著、小舘光正訳、ソフトバンク刊、一九九七年)という名著があり、最近では『ビル・ゲイツの面接試験』(ウィリアム・パウンドストーン著、松浦俊輔訳、青土社刊、二〇〇三年)という本も出ている。『マイクロソフト・ウェイ』から象徴的な部分を抜き出してみる。

「ゲイツが考える最高のプログラマーとは、「超秀才(super smart)」である。この「超秀才」というのはゲイツが好んで使う言葉で、多くの属性をあらわす。そのうちのいくつかをあげると、新しい知識をすばやく「リアルタイム」で飲み込む能力、鋭い質問をする能力、異なる分野の知識を関連づけて理解する能力、プリントアウトされたコードを一目見ただけで理解できるほどプログラミングに長けていること、ドライブや食事のときまでコードのことを考えているような熱意、極度の集中力(中略)、自分が書いたコードを写真のように思い浮かべられる能力などがある。」(六〇〜六一ページ)

実はこのすべてがグーグルの人材戦略にもあてはまる。唯一違うのは、学歴を重視する度合いである。グーグルは意図的に全社にあまねく博士号(Ph.D)を持つ社員を配置し、すべての社員に研究者のように行動するよう求める。一九八〇年代にマイクロソフトは、学部卒のコンピュータ・サイエンス専攻の学生を大量に集めて、ハーバード大学をドロップアウトしたビル・ゲイツのクローンを作ろうとした。ゲイツは学部卒のフレッシュな頭脳を求めた。

しかし、スタンフォード大学の Ph.D ドロップアウト（博士課程に進まずにグーグルを興した）の二人の創業者は、ありとあらゆる偉大な難問への挑戦をインセンティブ（動機付け）に、博士号を得るだけの知的パワーと知的持続力を持つ人材の獲得に邁進する。そしてこんな環境で働きたいと思う若者たちからの履歴書が、一日平均一五〇〇通以上送られてくるのだという。

†五〇〇〇人がすべての情報を共有するイメージ

組織が数十人規模ならば、組織内の全員がありとあらゆる情報を共有するイメージも湧くというものだが、それが五〇〇〇人になったらどうなるのか、なかなか想像がつかない。あるとき私は、グーグルに勤める友人にそんな疑問をぶつけた。彼は即座にこう言った。

「情報自身が淘汰を起こすんだよ」

なるほどね。「目からうろこ」とまではいかなかったが、少し具体的なイメージを思い描くことができた。そうか、社内の情報空間がネット空間そのものだと思えばいいんだなと。

とてもではないが読みきれない情報がネット空間にオープンになっていることを、私たちはよく知っている。全部読もうなどとはつゆも思わず、必要に応じて検索エンジンを使ったり、一度面白いと思ったサイトが更新されるたびに読んだり、知人・友人のサイトや誰かが薦めるサイトを「お気に入り」に入れたり、ネットで話題になっているサイトをポータルサイト（インターネットの入り口となる巨大ウェブサイト）から知ったり……。これって「情報自身の淘汰」そのものではないか。制限時間内に、自らが必要なものをできるだけ読む。自分が考えること、やったことについてできるだけ書く。私たちにできることはそれだけだ。五〇〇〇人がそれを粛々とやる。

最低限、一緒に仕事をしているグループや上司・部下の関係にある人々の間では、その内容が確実に共有される。そこから先は、情報が淘汰を起こすに任せる。つまり、多くの人が重要だと思った内容は必ず伝播していく。誰かが新しい、いいアイデアを書き込めば、社内のあらゆるところからそれに対する深いコメントが飛んできて、議論がどんどん進展する。これはネット空間全体で起こるメカニズムと同じであり、より均質な関心を共有するグーグル社内情報空間で起こらないはずがない。一方、誰も関心を持たない内容は、その存在すら知られないまま、ほとんど誰からも読まれずに忘れられていく。読まれなかった情報は価値がない情報だったとみなされる。社員全員が書き込む厖大な情報が、そのように自律的に淘汰・選別され、粛々と処理されていくのだ。

この仕組みを当たり前に思えるかどうかは、ネット空間での情報リテラシーを持つか否かに大きく依存する。若い世代にはかなり自然に受け入れられる考え方だが、インターネット未経験者には絶対に想像がつかない世界だろう。

シルバースタインは「こうした情報共有の仕組みをテクノロジーが支える」と語ったが、グーグルの社内情報システムはごく普通のシステムの組み合わせだ。ごく普通のブログや掲示板、社員全員が同じ文書を自由に編集できるウィキ（Wiki）と呼ばれる共同作業用環境、検索エンジンといったものの組み合わせである。道具自身に革新性があるのではなく、すべての情報を共有することを原則に「情報自身の淘汰」に委ねるという思想のほうに革新性があるのだ。

†情報共有によって研ぎ澄まされるエリートたちの激しい競争

グーグルでは、何かをこなすだけの人材では困ると、すべての社員に研究者のような行動を求める。全員にあまねく創造性の発揮を要求する。そしてそれが「二〇％―八〇％」ルールとして定着している。就業時間の八〇％は、検索エンジンや情報発電所インフラの開発といった既存プロジェクトに参画するが、二〇％の時間はオリジナルな仕事にあてなければならない。これが「二〇％―八〇％」ルールだ。「あててもいいよ、やりたければ好きなことをしてもいいよ」ではなく「あてなくてはならない」のである。二〇％の時間を自分独自の新規テーマに使うよう奨励され、仮にできない場合には評価に傷が付く。だから皆必死になって二〇％プロジェクトを考える。

いろいろな研究所で「アンダー・ザ・テーブル」プロジェクトを推奨するという文化がある。「アンダー・ザ・テーブル」とは、文字通り、自由な発想の研究成果を生むために、日常業務から離れて机の下に隠れ、情報を隠蔽して研究を進める手法である。グーグルの場合はぜんぜん違う。アイデア時点から情報は既に全員に向けて公開されているのだから、そのアイデアが認められるためには、動くものを開発して証明しなければならない。すべてはそこから始まる。アイデアについて延々とパワーポイントのスライドを用意するなんていう大企業的な発想は皆無で、そんな暇があればコードを書き、動くものを作る。

「ねぇ、アイデアマンで、どんどん次から次へとアイデアを出すタイプの人は、グーグルではどう評価されるの？」

私は友人にこんな質問をしたことがある。彼の答えが面白かった。

「アイデアの起案自身というのはほとんど評価されない。アイデアっていうのは当然、難しい問題を含むものだ。その問題を解決して、動く形にして初めて評価される。口だけの人はダメだな」

個々のエンジニアが「二〇%の時間を自分のテーマにあてている」と認められるためには、アイデアを起案し、動くデモンストレーション・プログラムを作成して関連するエンジニアを回って、一定数が「これは面白い」と言ってくれなければならない。そうなってはじめて「二〇%」プロジェクトとして認定される。グーグルの情報発電所を形作っているソフトウェアのソースコードはすべて社員全員にオープンになっているから、そういう資源も活用しながら、進捗もすべてガラス張りの中、二〇%プロジェクトを進めていく。そしてその二〇%プロジェクトが同僚たちの評判になり、創業者を含むトップがゴーサインを出せば、八〇%プロジェクトに昇格し、いずれ全世界数億人規模のユーザを対象とするグーグルのサービスとして投入される。アイデアや新サービスにも、徹底的な淘汰の仕組みが導入されている。

情報共有を前提としたこの仕組みが「ベスト・アンド・ブライテスト」たちの競争心を刺激し、競争環境がさらに研ぎ澄まされ、グーグルが次々に新しいサービスを社内から生み出す源泉となっている。

6　ヤフーとグーグルはどこがちがうのか

†グーグルと楽天・ライブドアの違い

さてグーグルを考える試みの最後に、グーグルが既に存在する多くのネット企業のどの会社とも全く似ていないことについて総括しよう。

まずは手近なところで日本のネット企業との比較から。日本でネット企業といえば、楽天、ライブドアをまず頭に思い浮かべる人が多いことだろう。二〇〇四年から二〇〇五年にかけては、米国ではグーグルの株式公開と躍進、日本では楽天のプロ野球参入、フジテレビ・ライブドア問題、ＴＢＳ・楽天問題と、対照的な話題で日米がにぎわった。

「楽天やライブドアはグーグルと何が違うのですか」

私はよくこう聞かれるのだが、感想は「りんごとオレンジを比べても仕方ないのではないか」ということに尽きる。りんごとオレンジの間に優劣とか序列はない。ただ違う種類のものだということである。では何が違うのか。

戦後の日本で、最も起業家精神溢れる企業群を輩出したセクターは、生活密着型サービス産業の系譜である。エスタブリッシュメントは重厚長大の製造業を担い、生活密着型サービス産業は群雄割拠の世界。ダイエー、イトーヨーカ堂、セブンイレブン、ローソン、リクルート、ぴあ、コジマ、マツキヨ、ユニクロ、TSUTAYA……。外食産業の全国チェーンや、マクドナルド、ケンタッキーからスターバックスにいたる流れ。これらは皆、狭義のベンチャーとはいえないかもしれないが、皆、起業家精神溢れる経営者がほとんどゼロから築きあげたものだ。楽天やライブドアは、戦後日本の「お家芸」とも言うべき、人材の厚みや経験の蓄積のある「生活密着型サービス産業の系譜」の上に連ねるべき企業なのである。

一方、グーグルは間違いなく、IBM、DEC、インテル、マイクロソフト、アップルといった、IT産業（昔はコンピュータ産業と言った）にパラダイムシフトを引き起こす「一〇年に一度現れる特別な企業」なのである。こういうIT産業における破壊的イノベータは、これまで米国からしか現れていなくて、最も新しいグーグルも、ごく自然に米国から生まれただけのことである。

アマゾンやヤフーといったグーグルより先発の米ネット列強は、グーグルの登場によって、ネット産業というのはテクノロジー事業なのだということに気づかされた。それがヤフーによる検索エンジン内製や、アマゾンによるウェブサービス戦略（次章で詳述）や独自検索技術の追求につながり、シリコンバレーは検索エンジン戦争のメッカになりつつある。

でも、楽天の三木谷氏やライブドアの堀江氏は、テクノロジーへの関心が薄い。テクノロジーを創造する気はなく、テクノロジーはサービスのために利用するものという姿勢を貫いている。これはどちらがいいとか悪いとかいう短絡的な問題ではなく、そもそも企業の成り立ち、系譜が違うと、問題設定しなおすべきなのである。

いやむしろ、消費者を主対象とするネット産業というのは、そもそもが「生活密着型サービス産業」と把握するほうが普通で、米国の、しかもグーグルだけがそれを「テクノロジー産業」だととらえた突然変異なのだ、と考えるほうがわかりやすいのかもしれない。

野球との関係で言えば、楽天を「生活密着型サービス産業」の系譜に最も新しく登場した元気のいい企業だととらえれば、新聞社（読売、中日）、電鉄会社（西武、阪神）、食品・小売・流通（日本ハム、ヤクルト、ロッテ）といった現在のプロ野球オーナー企業と同じ系譜の上に乗っているわけで、プロ野球参入はごく自然な経営判断だと思える。

「なぜ日本からグーグルが出ないのか」という問いは、思考実験として意味がなくもない。しかしその問いは、楽天やライブドアに向けて発するべきものではなく、むしろ人材の厚みや技術の蓄積から考えれば、日立、東芝、富士通、NEC、ソニー、松下といった日本のＩＴ産業、コンシューマー・エレクトロニクス産業を牽引してきた大企業に向けて、「半導体に飛びついて電子立国・日本を達成し、ＰＣにも飛びつき巨大なＰＣ関連産業を日本にもたらしたのに、なぜインターネットには飛びつけなかったのか？」と問うべきで、そのほうが、より本質的な議論ができるはずである。

†ヤフーはメディア、グーグルはテクノロジー

楽天やライブドアとグーグルを比較することにはそれほど意味はないが、ヤフー（Yahoo!）とグーグルを比較して考えることは、ネット産業のこれからを見つめる上で非常に重要である。

まずはグーグル・ニュースというサービスを話の発端にして考えてみよう。

グーグル・ニュースというのは、グーグルがネット上のニュース・サイトをすべて巡回し、ニュースの緊急性や重要性を自動的に判断し、「世界のニュース」に優先順位付けし、自動編集してしまうサービスである。二〇〇三年にこのサービスが世に出たときには、自動編集という概念がメディア界に新鮮な驚きをもたらした。そのとき、グーグルのエンジニアリング担当副社長ウェイン・ロージングは、編集に人を介在させないことについて聞かれて、

「人間なんか使うわけないだろう。グーグル・ニュースはエンジニアリング・ソリューションなんだから」

と繰り返し述べていた。

伝統的な新聞、雑誌が、編集者、記者、レポーター、原稿整理事務担当者を雇って行う編集作業を、グーグルの場合は、情報発電所のコンピュータ・システムが執り行う。グーグルとは、徹底したテクノロジー志向を貫く世界初のメディアビジネスと言うこともできるだろう。

ヤフーもグーグルも、スタンフォード大学コンピュータ・サイエンス学科出身の二人の学生によって創業された。そこまではすごく似ているが、特にネットバブル崩壊後のヤフーは、自社をメディア企業と位置づけ、普通の経営を指向するようになった。ＣＥＯにはメディア産業のトップ経験者テリー・シーメルを招き、巨大メディア産業の経験者を要所に据えた経営で、二人の若い共同創業者は経営にあまり参画しない体制となった。「テクノロジーの重要性は正しく理解して手を打つけれどその本質はメディア企業」というのがヤフーの在り様で、たとえばニュース編集には、優秀な人間の視点が不可欠だと考える。何につけ「人間の介在」を、重要な付加価値創出の源泉だと認識している。

一方、グーグルは、広告営業のプロを連れてくるくらいのことはしても、メディア産業のプロを経営陣に迎えるなんてことは毛ほども考えない。テクノロジーを徹底的に極めることでメディアビジネスを全く新しいものにしてしまおうという破壊的な意図を持っているから、そんな必要性をほとんど感じない。

グーグルがゴールとして目指しているのは、「グーグルの技術者たち（むろんここは人間がやる。逆にいえばこれができる人間以外は要らないという思想がグーグルには本質的にある）が作りこんでいく情報発電所がいったん動き出したら「人間の介在」なしに自動的に事を成していく」世界である。今はそれが未完成だから「人間の介在」を少しは我慢するが、基本的に極力回避したいと考える。ここがヤフーとグーグルの決定的違いである。

あるとき私は、ヤフーのサーチ担当副社長のビッシュ・マキジャニに、「ヤフーとグーグルの哲学的な違いは、人間の介在するレベルだと思うんだけれど、どう思う？」と尋ねたことがある。彼は私の質問にこう答えた。

「ヤフーは人、グーグルはコンピュータという言い方には少し違和感があるけれど、ヤフーは、人間が介在することでユーザ経験がよくなると信ずる領域には人間を介在させるべきだと考えている。そこはグーグルと決定的に違うな。そして、ヤフーはコンピュータが完全に人間の代わりができるとは思っていない」

私はさらに、「グーグルのほうがすべてを自動化することへの信念・情熱がより深いよね」と尋ねたが、ビッシュは「ノー・クェスチョン」（それは全くその通りだ）と答えた。

ヤフーやグーグルに詳しく『ザ・サーチ――グーグルが世界を変えた』という本（中谷和男訳、日経BP社、二〇〇五年一一月刊）を最近著したジョン・バッテルは、自らのブログ[＊4]にこう書いた。

「グーグルとヤフーの本質的違いは、この二社が映像コンテンツを巡って戦うことになる将来、もっとはっきりと見えてくるはずだ」

ヤフーは、ごく普通にコンテンツのスーパー・ディストリビュータを目指すだろうが、グーグルは全く新しいテクノロジー・ソリューションを編み出すことで競争を仕掛けるはず。両者がどういう提案を持ってハリウッド（のコンテンツ所有者、コンシューマー、代理店）にアプローチするのか、そこにこの二社の個性が明確に現れるはずだとバッテルは予想する（第四章で詳述）。

二〇〇六年一月六日、グーグルは、テレビ番組、過去の映像フィルム、一般個人の自作ビデオなどのインターネット配信サービス「グーグル・ビデオ・ストア」を発表した。発表時のサービスには含まれてはいないが、高度なビデオ・サーチ機能、映像内容を解釈した上でのコマーシャル映像の自動挿入など、グーグルらしいテクノロジー・ソリューションが、いずれこのサービスに詰め込まれてくることだろう。

ヤフーとグーグルの競争の背景には、サービスにおける「人間の介在」の意義を巡る発想の違いがある。なんと面白い競合関係であることだろう。

＊1　http://www.google.com/corporate/today.html
＊2　http://www.socialtext.net/etech/index.cgi?craig_silverstein
＊3　http://radio.weblogs.com/0114726/2003/04/29.html
＊4　http://battellemedia.com/archives/001115.php

第三章

ロングテールとWeb2.0

1 「ロングテール現象」とは何か

†しっぽの長い恐竜

ロングテール（Long Tail：長い尾）という言葉を聞いたことがありますか。

ＩＴの世界では無数の新語が現れては消えていくのだが、この言葉は二〇〇四年秋頃から少しずつ米国で使われるようになった。ロングテールは、インターネットの本質に関わる極めて重要な問題提起を含む新語である。

ロングテールとは何か。本という商品を例にとって考えてみよう。二〇〇四年の日本のベストセラーを例に、一年間にどんな本がどれだけ売れたのかを示す棒グラフを作ってみる。縦軸に売れた部数を取り、横軸には左から第一位『ハリー・ポッターと不死鳥の騎士団』、第二位『世界の中心で、愛をさけぶ』、第三位『バカの壁』……と売れた順に一冊ごとに棒グラフを連ねていくことにしよう。横軸には「一冊あたり五ミリ」、縦軸には「一〇〇〇部あたり五ミリ」でグラフを書くと、本の売れ方の全体像はどんな形状になるだろうか。

縦軸は「一〇〇〇部で五ミリ」だから「二〇〇万部で一〇メートル」になる。第一位の販売部数はそれを軽く突破する。でも第一〇位になると販売部数は一桁少なくなるから、グラフ左端の形状は一〇メートル以上の高さから急降下した形になる。ではこのグラフをどんどん右に向かって書いていくとどうなるか。あるところからは、売れる部数の少ない本が延々と並ぶことになる。日本での年間出版点数は約七万点なので、三年分並べると二一万点。「一冊五ミリ」で棒グラフを書くと「二〇万冊で一キロメートル」である。第二〇万位の本は、売れていてもせいぜい一冊であろう。一冊の棒グラフの高さは「一〇〇〇部で五ミリ」だから五ミクロン。よって横一キロにわたって伸びたグラフ全体は、高さ一〇メートルから急降下して、あるところから地面すれすれを這う。そして一キロ先では五ミクロンの高さになるまでなだらかに下っていく形状になる。体高一〇メートル以上で一キロメートル以上のロングテールを持った恐竜。それを横から見たシルエットのようだ。

普通ロングテールを説明するときには、こんなまわりくどい説明ではなく、手っ取り早く紙の上に何か図を書いてしまう。ここであえてそれをしないのは、この「体高一〇メートル以上で一キロ以上のロングテールを持った恐竜」は紙の上にはおさまらないということを強調したいからなのだ。紙の上に適当に書かれたロングテールのイメージ図を見たことのある人は、いったんそれを忘れて、このしっぽの長い恐竜の姿を原寸で頭に思い描いてほしい。

†アマゾン・コムとロングテール

本の流通の関係者といえば、インターネットが登場するまでは、出版社と流通業者と書店であった。皆、店舗や倉庫や在庫といった大きな固定費を抱えるから、ある程度以上売れる本、つまり「恐竜の首」（グラフの左側）で収益を稼ぎ、ロングテール（延々と続くグラフの右側）の損失を補うという事業モデルで長いことやってきた。

二〇〇四年秋にロングテール論が脚光を浴びたのは、ネット書店がこの構造を根本から変えてしまったという問題提起があったからだ。提唱者は米ワイヤード誌編集長のクリス・アンダーソン氏。米国のリアル書店チェーンの「バーンズ・アンド・ノーブル」が持っている在庫は一三万タイトル（ランキング上位一三万位までに入る本）だが、アマゾン・コム（Amazon.com）は全売り上げの半分以上を一三万位以降の本から上げていると発表したのである。高さ一ミリ以下で一〇キロ近く続くグラフ上のロングテールを積分すると、まさに「塵も積もれば山」、売れる本「恐竜の首」の販売量を凌駕してしまうというのだ。

リアル書店では在庫を持てない「売れない本」でも、インターネット上にリスティングする追加コストはほぼゼロだから、アマゾンは二三〇万点もの書籍を取り扱うことができる。しかも「売れない本」には価格競争がないから利幅も大きい（米国では新刊書にも値引き競争がある）と良い事ずくめになる。これがロングテール現象である。

そしてこの現象は、特にデジタルコンテンツのネット流通において顕著に現れる。アップルの「iチューンズ・ミュージックストア（iTMS）」関係者によると、取り扱っている一〇〇万曲を遥かに超える楽曲の中で一回もダウンロードされなかった曲はないらしい。ロングテールは長く連なっており、大ヒット依存のリアル世界とは全く異なる経済原則で事業モデルが成立しはじめている。

一九八八年に出版されたイギリス人登山家ジョー・シンプソン著『死のクレバス――アンデス氷壁の遭難』（原題「Touching the Void」、邦訳は岩波現代文庫）。九〇年代後半にはロングテール部分に連なっていたこの本が、ジョン・クラカワー著『空へ――エヴェレストの悲劇はなぜ起きたか』（原題「Into Thin Air」、邦訳は文春文庫）がベストセラーになったのをきっかけに再度売れ始めた。そのきっかけを作ったのはアマゾン・コムのレコメンデーション（自動推奨）機能だった。アマゾンのソフトウェアが、一部の顧客（「登山の悲劇」本を好む人）の購買行動パターンに気づき、『空へ』の読者に『死のクレバス』を自動的に薦めるようになったのである。そして薦められて読んだ人々が熱狂的レビューをアマゾン上に書き、売れ行きの伸びと推奨行動が相互に加速され、ロングテールに埋もれていた名作が掘り起こされた。ネット上の無数の人々の日常行動の結果が、ロングテール部分の「塵」を集めて「山」とする。アンダーソンは、ロングテール部分の本が売れる理由を、こんなストーリーで説明した。

†「恐竜の首」派とロングテール派の対立

ところで私たちは、検索エンジンの便利さに慣れきってしまっている。そして本の中身も検索できたらどんなに便利だろうと消費者は勝手に思う。だって、ネット上の情報の断片よりも本の中身のほうが、少し古くたって校閲やら考証もしっかりされて信頼できる内容に違いないからである。でも供給者側（出版社、著者）は「そりゃあ、とんでもないことだ、だって本はカネを出して買ってもらう商品であって、その断片が無償で検索エンジンに引っかかって読まれては、本が売れなくなって困る」と反射神経的に思う。日本だと、ここで議論は打ち切り、何も起こらない。ここから先、にっちもさっちも進まない。

でも米国にはアマゾン・コムやグーグルといったルール破壊者が存在し、新しい世界を切り拓こうとしている。いま書店で販売されている本を、そしてさらには世界中の図書館に存在する過去から現在に至るすべての本をスキャンして情報発電所の中に取り込み、その内容を誰もが自由に検索できるようにしようと構想した。そして「それは供給者側にとっても良い事だ」という新しい理論武装を用意し、供給者側を説得しようと試みた。彼らの理論武装、つまりその新しい考え方は、ロングテールの視点がないと理解できない。

検索エンジンの本質は情報の発見にある。過去の叡知が詰まった厖大な本のどこに何が書かれているのかを発見できれば、検索エンジンを通して世界中の本の適切な場所を自由に立ち読みできる世界が、私たちの前に広がる。消費者にとっては素晴らしいことだ。これを本の供給者はどう考えるべきか。本の供給者の側にある二つの考え方を、「恐竜の首」派とロングテール派と呼ぶことにしよう。

「恐竜の首」派とは、「ヒット商品、つまりベストセラー本やよく売れる本の売れ行きが鈍る」ことを嫌がる人たちのことである。これまでの出版社は「恐竜の首」部分で収益を稼いできたのだから、大半の出版関係者はこちらである。彼らにとっては「本の中身の検索」など絶対悪である。

しかしロングテール派は違う。ロングテール部分の本など、どうせ忘れ去られていてぜんぜん売れていない。何がきっかけでもいいから、その本の存在が誰かに知られることに価値を見出す。だから「本の中身の検索」は大歓迎なのである。検索した一〇〇人のうち九九人が立ち読みで満足して買わなくたって、一人が買ってくれたらいい。「全く売れなかった」本が「一冊売れた」になり、そこから何かが始まるかもしれないからである。ロングテール派はネット書店の新しい可能性に気づいた少数派だ。また出版社よりも著者の方がロングテール派になりやすい。

この対立は根が深い。全体としてどちらが正しいかを判断することは難しい。立場が変わると結論が大きく変わるからだ。

アマゾン・コムは二〇〇三年一〇月にフルテキストサーチ・サービス（Search Inside the Book）を開始（日本でも二〇〇五年一一月、「なか見！検索」サービスを開始）したが、取引先でもある出版社との合意を優先しつつ、穏便でゆったりと歩んでいる。ただアマゾンが「フルテキストサーチ・サービス」の先に目指す、本をページ単位で販売する「アマゾン・ページ」、アマゾンを通して購入した顧客に対してのみその本をオンラインで読む権利も提供する「アマゾン・アップグレード」は、二つとも斬新かつ破壊的な新サービスだ。アマゾンの書籍販売量は出版社にとって、年々無視できない大きさとなっている。書籍販売シェアを高めることで出版社に対する影響力をじりじりと大きくして、出版社に対して「飲みやすい提案」を少しずつ出しては徐々に世界を変えていく。アマゾンの戦略は実にしたたかである。

一方グーグルの動きは短兵急で過激だ。それゆえ、世界中の図書館の本を全部スキャンして検索できるようにしてしまおうと企む「グーグル・ブックサーチ」プロジェクトは、とうとう作家と出版社から訴訟されてしまった（第五章で詳述）。しかしそもそもルール破壊者たちと本の供給者側との軋轢が大きくなっているのは、「恐竜の首」派とロングテール派の世界観の違いによるのである。

†グーグルのロングテール

二〇〇五年に入って、ロングテール提唱者クリス・アンダーソンは「アマゾン・コムは全売り上げの半分以上をリアル書店が在庫を持たない本から上げている」という初期の発表内容における「半分以上」を「約三分の一」に訂正した。

たしかに彼のロングテール論が脚光を浴びた理由は、この「半分以上」という指摘が衝撃的だったからである。でも、アマゾンは売上数字の内訳を公式発表していなかったから、あくまでも推定にすぎなかった。ロングテールが米国で話題になるにつれ、この「半分以上」という数字をめぐり「大きすぎるんじゃないの！　眉唾じゃないのか！」といった議論が起こり、再研究の結果、訂正の運びと相成った。彼の論のインパクトはこれでやや弱くなったのだが、問題提起の本質は変わっていない。

彼は、アマゾンの商品ランキングを横軸に並べたロングテールで、人々のイメージを喚起しようとした。わかりやすさという観点から言えば、彼の戦略は成功した。しかし、ロングテールの核心により深く迫るという意味では、グーグルのアドセンスを事例として挙げたほうがよかった。

それはロングテール部分に大きな性質の違いがあるからだ。アマゾンのロングテールには「負け犬」商品がずらりと並んでいる。それらは皆、一度は新商品として世に出たことがあるものばかり。想定顧客層に行き届いてしまったとか、いい商品なのに誰にも知られなかったとか、まぁ色々と理由はあるだろうが、何かの理由で売れなくなったから、いまロングテール部分に並んでいるものばかりなのである。それらの中から『死のクレバス』のように蘇る商品はそれほど多くない。

しかし逆に言えば、そんな「負け犬」ロングテールの塵から全体の「約三分の一」にまでなってしまうことが凄い、と考えるべきなのである。

では、グーグルのアドセンスは何が違うのか。アドセンスのロングテール部分には「負け犬」が並んでいるのではなく、未知の可能性を持った存在が並んでいる。しかもロングテール部分に並びたければ誰でも並ぶことができる。そんな底抜けのオープンさを持つゆえ、ロングテールはさらにずっと長い。

グーグルは二〇〇五年二月のアナリスト・ミーティングで、自分たちはロングテール追求会社なのだと宣言した。アドセンスの達成とは、広告主のロングテール部分と、メディアのロングテール部分をマッチングさせて、両者にとっての Win-Win の関係（双方にとって満足のいく関係）を築いたことである。広告主のロングテール部分とは、これまで広告など出したことがなかったスモールビジネスやNPO（非営利組織）や個人のこと。そしてメディアのロングテール部分とは、今まで広告など掲載したことのない極小メディア（無数のウェブサイト）のこと。つまり、グーグルのロングテールとは、広告ということに過去に一度も関与したことのない人々という未知の可能性に満ちた新市場の追求に他ならない。

そして新市場に参加する障壁をグーグルはおそろしく低く設定した。セルフサービスで広告出稿でき、単価が安くて成果報酬（クリック課金）型なので、誰でも気軽に広告出稿にトライし、成果が見えてきたら広告出費をどんどん増やしていける成長のメカニズムも組み込んだ。参加自由のオープンさと自然淘汰によって、未知の可能性の集合体からスターが浮かび上がる仕掛けが工夫されていたのだ。

第二章で詳述したグーグルの売上高の異常なスピードでの成長は、「参加自由のオープンさと自然淘汰の仕組みをロングテール部分に組み込むと、未知の可能性が大きく顕在化し、しかもそこが成長していく」という全く新しい事実を、私たちに突きつけたのだ。

†「配信」ではなくて「創造」

もう一つ例を出そう。元ソニー・ミュージックエンタテインメント社長・丸山茂雄氏が立ち上げようとしている mF247(*1) という新しい音楽事業がある。事業構想が書かれた文章から一部、引用する。

「メジャー・レコード会社がマス・マーケットに向けてアーティストや商品を送り出し、その中からリスナーがチョイスをして購入していた時代＝「メジャー絶対優位の時代」から、メジャーに頼らずとも様々なアーティストが登場し、リスナーも幅広い音楽の選択肢を得ることができる時代＝「個が発信し個が選択する時代」に、音楽マーケットが急速に移りつつあるという事実を音楽関係者は誰しも否定しないであろう。（中略）権利者やアーティストとの同意のもとに、楽曲を完全な形で、まず〈情報〉としてリスナーに提供し、（中略）CDの購入やライブコンサートへの参加に繋がるようなプロセスを構築したいと考えるに至った。（中略）このたび立ち上げる我々の音楽配信サイトは、ひとりでも多くの人に、アーティストが創った新しい音楽をまず聴いてもらいたいという目的で、インターネットで「無料ダウンロード」を展開しようというものである。」

つまり丸山氏は、ロングテール部分に新規参入する楽曲を「情報」として無料化し、リスナーへの認知を最優先する新しい音楽ビジネスを構想しているのである。

ちょうどアップルのiTunesの日本参入が近いという時期（二〇〇五年八月八日）に、彼が自らのブログで綴った「配信もいいけどインターネットを新しい物を生み出す道具として使おう」（＊2）という文章がある。

「アップルコンピュータが日本でスタートするという事から、日本のマスコミがこのところ、どのサイトが優位で、どのサイトが劣勢になるかといった話や、どのサイトが一〇〇万曲を用意したが、このサイトはまだ二〇万曲しか用意していないとか、そんな話で持ちきりです。でもこういった話題の中に、音楽のにおいがまったくしません。（中略）音楽ビジネスを担う人達が、インターネットの利用の仕方を有料配信のところにだけ焦点を当てている事に、大きな不満を感じています。（中略）『配信』には新しい物を生み出すという思想は何も無く、過去の財産をどの様に運用するかという、まるで金融業者が、お金を取り引きしている様に見えます。」

この文章における「配信」と「新しい音楽を生みだそうという試み」（創造）との違いが、ロングテール論における「負け犬」の集合体と「未知の可能性」の集合体との違いに呼応している。

既に「商品」になっている音楽を「配信」するのでは、ロングテールの効果も限定的になる。でも、まだ何者でもない不特定多数に参加機会を与え対象を広げ、「新しい音楽を生み出そうという試み」こそが、ロングテールの裾野を広げ、より大きな可能性を拓く。ネットは今、そういう方向に進化している。それが序章で概観し、さらに次章でも詳述する「総表現社会の到来」という問題と密接に関係しているのだ。

†大組織の「よし、これからはロングテールを狙え」は間違い

ではこのロングテール現象は既存のリアル大組織にとってどんな意味があるのか。「ネットを徹底活用しないならば何も意味がない」が正解である。ロングテール現象とはネット世界でのみ起こる現象だからだ。

そもそもロングテールの反対概念が、大組織を支配する「八〇：二〇」の法則である。「ある集合の二〇％が、常に結果の八〇％を左右する」という法則である。そのルーツは、約一〇〇年前の経済学者パレートによる「富の八〇％は人口の二〇％の人々によって専有される」という観察にまで遡る。そしてさらに二〇世紀の品質管理、プロジェクト管理の研究から「不良品の八〇％は、二〇％の不具合から生み出される」「プロジェクト全体の二〇％が、マネジャーの時間・エネルギーの八〇％を必要とする」といった法則が常識化し、さらには「八〇％の売り上げは二〇％の商品から」「八〇％の利益は二〇％の大口優

良顧客から」「八〇％の成果は二〇％の優秀な社員から」などなどへと発展した。大組織における「八〇：二〇」の法則は枚挙にいとまがない。

この法則は、品質・人事・営業・プロジェクト管理と大組織のいたるところで通用するあまり、「あらゆる物事において重要なのは少数であり、大多数は取るに足らぬもの」という思想に結実した。そして「取るに足らぬ八〇％は無視し、重要な二〇％にリソースを集中せよ、それこそが経営の効率を高める」という考え方がリアル大組織経営の常識となった。この「取るに足らぬ八〇％」が、まさにロングテールのことだ。

「ロングテールに関わりあっても固定費を賄えるだけの売り上げを生まない」というこれまでの常識は、リアル大組織においては今も正しい。ネット世界とリアル世界のコスト構造の違いが、ロングテールに関する正反対の常識を生み出しているのだ。

たとえば同じ広告事業といっても、「恐竜の首」部分で事業展開する電通と、ロングテールを追求するグーグルでは、何から何までが違う。「絶対に儲からないから、そんな小さな客やそんな小さなメディアの相手をするな」と電通が考える対象こそが、グーグルにとっての市場だ。そんなロングテール市場が大きいことを仮に電通が認識したって、リアル大組織のコスト構造の重みゆえ、たとえ少々の売上げが上がっても、やればやるだけ損が積みあがるから、絶対に追求できない。個人を含む極小事業体と極小メディアのニーズを自動的に正確にマッチングする情報発電所インフラを持たなければ、グーグルのようなロングテールの追求は無理なのである。

しかも加えて大組織にとって脅威なのは、これまで無視して軽く見てきたロングテール追求者が産業全体のルール破壊者となり、大組織が依存する「恐竜の首」部分の上顧客をも徐々に着々と奪いつつあることだ。

ロングテール追求者とは、リアル世界が何百年も無視してきたロングテールというフロンティアに狙いを定めた冒険者たちとも言えるのである。

2　アマゾン島からアマゾン経済圏へ

†アマゾンのウェブサービス

さてここから、ロングテールとネットの新技術との関係を考えていく。

インターネットの時代が到来した一九九五年は、「ウィンドウズ95とナローバンドつなぎっぱなしのインターネット」という新しい環境で何ができるかが勝負だった。今ではネット列強とまで呼ばれるようになったヤフー、アマゾン・コム、eベイらが創業されたのはこの年である（ちなみにグーグルの創業は九八年）。

私は九四年一〇月にシリコンバレーに引っ越してきたが、ネットスケープのブラウザ無料ダウンロードが始まったのがその翌月（九四年一一月）。まさにインターネット前夜とも言うべき時期だったが、当時のシリコンバレーと日本とのやり取りはすべてFAXに依存していた（その状態は九五年末くらいまで続いた）。少し前のようにも思えるが、九五年というのは大昔なのである。

インターネットはたかだか一〇年でその可能性を追求し尽くせるような代物ではないから、一〇年以上経った今も「インターネットの時代」が相変わらず続いている。「でもその中身は一〇年前とはずいぶん違う」という気分が業界に溢れ、昔の世界をWeb 1.0、これからの世界をWeb 2.0と称するようになった（定義の詳細は次節で）。同じ「インターネットの時代」でも今は第二期に入ったのだ、ということを明確しておこうという気分が横溢してきたのである。

むろんWeb 1.0からWeb 2.0への変化は連続的なものだから、まったく新しい企業が生まれる場合もあるが、Web 1.0企業が、新しい技術や発想を取り入れてWeb 2.0化していくのが普通だ。その方向で最も先駆的に動いたのはアマゾン・コムだった。

アマゾンはネット列強の中でも、米ネットバブル崩壊前後での毀誉褒貶が最も激しかった会社だ。「ネットで本やCDのようなパッケージ・グッズを売る」という業態が誰にもわかりやすかったこと、創業者ジェフ・ベゾスがインターネットの可能性を信じ、赤字決算を続けつつ、強気強気の資金調達と設備投資を繰り返して、業界全体の賭け金を吊り上げていたこと、バブル前後で株価が乱高下したこと。そんな理由が重なったからだ。しかしバブル崩壊の調整もようやく終わった二〇〇二年から二〇〇三年にかけて、試練を乗り越えたアマゾンは、今流の言葉で言えば、Web 1.0 企業から Web 2.0 企業への変貌を遂げようとした。

当時ベゾスはしきりに「我々を朝から晩まで衝き動かしているのはテクノロジーなのだ」「アマゾンはマイクロソフトのようなテクノロジー企業になる」と言っていた。ベゾスはネット上のたくさんの小売り業者（リアルの小売り業者が持つネット販売事業も含む）が、アマゾンのテクノロジー・インフラに寄生しなければ生きていけないような世界を作ることを思い描いた。PC世界のマイクロソフトを見習って、テクノロジー主導の広範囲で包括的な強い結びつきをeコマース世界全体に作り、アマゾンがその中心を占めたい。それがベゾスの意志だった。そしてその意志の表現が「アマゾン・ウェブサービス」だった。

一九九五年から始まったネットビジネスの競争の特徴を一言で言えば、「ユーザの囲い込み」競争であった。魅力的なウェブサイトを作り集客する。訪ねてくれたユーザにはずっととどまってほしい。ネットの「あちら側」に、アマゾン、ヤフー、eベイらがそれぞれ島を作って、その島に住んでもらえるよう島の魅力を競いあうような競争だった。

島の比喩で言えば、「アマゾン・ウェブサービス」は、アマゾン島のいたるところに誰もが勝手に港を作ったり橋をかけたりする自由を担保するという大政策転換だった。「ユーザは別にアマゾン島に住まなくてもいいですよ、アマゾン島と港や橋でつながっている色々な場所に住んでくれて結構。港や橋でアマゾン島とつながったアマゾン経済圏の生活物資は全部アマゾンがちゃんと面倒見ますから、どこに住んでも住みやすいですよ」

アマゾンはそういう施策を打ち出したのである。

具体的には、アマゾンは自らの生命線とも言うべき「アマゾンが取り扱っている厖大な商品データのすべて」を、誰もが自由に使って小さなビジネスを起こせるよう、無償で公開することにしたのである。そしてその公開にあたっては、「単にデータを使っていいですよ」と提供するのではなく、開発者がそのデータを活かしてプログラムを開発しやすいよう工夫を凝らした。このように、開発者向けにプログラムしやすいデータを公開するサービスを「ウェブサービス」と呼び、開発者向け機能を「API（Application Program

Interface)」と呼ぶ（次節で詳述）。

結果として、小売り業者やネット事業を始めてみたい開発者たちは、このウェブサービスを利用してアマゾンの商品データベースにアクセスし、自らのサイトでアマゾンの商品を自由に売ることができるようになった。

アマゾンはこのウェブサービスをグローバル展開しているから、たとえば日本でもアマズレット（amazlet）のようなサイトを自由に誰もが作ることができる。アマズレットは、アマゾン・ジャパン（Amazon.co.jp）の商品データをウェブサービスによって取得して、売れ筋商品をアマゾン・ジャパンのサイトよりも見やすく表示するショッピング・サイトだ。ユーザはこのアマズレットからアマゾン・ジャパンの商品を購入することができるわけだが、アマズレットのサービス開発者は、商品情報ばかりでなく決済システムまでアマゾン・ジャパンに依存し、自らはユーザ向けサービスの開発に専念できるのである。

ウェブサービスの公開からわずか一年たらずで、ウェブサービスを利用して作られた無数のサイト経由でアマゾン商品を購入したユーザは、数千万人にのぼった。アマゾンはこのウェブサービス経由での売り上げから一五％の手数料を得る仕組みを導入していたので、アマゾン島事業自身よりもアマゾン経済圏支援事業の利益率のほうが高くなった。自社の生命線たる商品データベースを公開することで、アマゾンはネット小売り業者から、eコマースのプラットフォーム企業へ、テクノロジー企業へと変貌を遂げたのである。これがアマゾンの Web 2.0 化である。

†サーチエンジン最適化

ウェブサービスという言葉自身は九〇年代末から、ウェブサイトとウェブサイトの連携を促進する新技術として盛んに喧伝されていた。しかしアマゾン・コムがウェブサービスを展開するまで、現実にはあまりうまくいっていなかった。企業がウェブサービスを展開するというのは、その企業独自の価値あるデータや機能を広く公開することを意味する。しかし大抵の企業の場合、価値あるデータは公開せずに戦略展開するのが普通で、あえて公開するにはそれ相応の強い動機が必要だ。アマゾンまでは、誰もその強い動機を持たなかった。

アマゾンの場合の強い動機とは何だったか。前述したように、ビジョン・レベルで、ベゾスが「たくさんの小売り業者がアマゾンのテクノロジー・インフラに寄生しなければ生きていけないような世界」を思い描いたのは事実だ。そしてそれに加えて、戦略・戦術レベルにおいて、検索エンジンの重要性をアマゾンがいち早く見抜いていたということが重要だ。「検索エンジンの意味は何か」という視点からネット全体のあり方を評価し直した結果、ウェブサービスで自社のデータとサービスを公開する意義に、ベゾスは得心したのである。

すべての人が検索エンジンを利用して目的のサイトにたどり着くような世界がくるならば、ありとあらゆる言葉に対する検索結果で、アマゾンのサイトが上位を獲得できることがアマゾンの売り上げの飛躍的向上と同義となる。二〇〇二年の段階でそういう世界観を持った企業はほとんどなかったが、検索結果の上位を獲得することを最優先事項だとアマゾンは意識したのだ。現在でいうSEO（サーチエンジン最適化）だ。

グーグルをはじめとする検索エンジンは、該当ページが他のサイトからどれだけリンクされたかを基準に検索結果順位を決定する。多くのサイトからリンクされていればいるほど、そのページは検索エンジンで上位に表示される。ウェブサービス展開をはかれば、アマゾンにリンクしてもらうためのプログラムを、不特定多数無限大の開発者たちに依存することができる。そういう論理だったのである。結果として、アマズレットのような無数のアプリケーションがアマゾンへの大量のリンクをもたらし、SEO戦略に大きく寄与することになった。

ここでもう一度、本章冒頭のクリス・アンダーソンのロングテール論を思い出してほしい。「負け犬」ロングテールの塵を集めて全体の「約三分の一」にまでしたアマゾンの達成は、SEOをしっかり意識したウェブサービス展開を仕掛け、ウェブ全体でロングテール追求の連鎖を生みだしたからこその達成だ。全体の「約三分の一」とは、そういう総合的努力の結果として実現した数字なのだ。ネット上でただ厖大な商品を紹介するだけでは、アマゾンのようなロングテール追求はできないのである。

ところでこの二〇〇二年から二〇〇三年にかけては、アマゾンのウェブサービス戦略展開に加え、グーグルの台頭が目覚ましくなり、検索エンジンがポータルサイト以上に重要だとの認識が生まれた時期である。ネットバブル崩壊の後始末に追われていたヤフーが、グーグルの脅威によってようやく覚醒した時期もちょうどその頃である。Web 1.0 から Web 2.0 への全体的な変化はこの時期から始まったと言ってよく、その変化の本質を象徴するのがアマゾンのウェブサービスの開放性だった。そしてより大きな視点でいえば、ネットビジネスにおいても、これまでのIT産業同様、テクノロジーをベースとしたプラットフォーム事業（マイクロソフトのOSのような事業）が成立するはずだという確信が生まれ、その確信が Web 2.0 という新しい潮流を牽引するようになったのである。

3 Web 2.0・ウェブサービス・API公開

†Web 2.0とは何か

では Web 2.0 の本質とは何なのか。二〇〇五年半ば頃から広く使われるようになったこの新語の正確な定義を巡っては、今も相変わらず議論が続いている。「ネット上の不特定多数の人々（や企業）を、受動的なサービス享受者ではなく能動的な表現者と認めて積極的に巻き込んでいくための技術やサービス開発姿勢」がその本質だと私は考えている。不特定多数の人々には、サービスのユーザもいれば、サービスを開発する開発者も含まれる。誰もが自由に、別に誰かの許可を得なくても、あるサービスの発展や、ひいてはウェブ全体の発展に参加できる構造。それが Web 2.0 の本質である。

サービス提供者の立場でいけば、アマゾン・ウェブサービスのように、自社が持つデータやサービスを開放し、不特定多数の人々がその周辺で自由に新しいサービスを構築できる構造を用意することが Web 2.0 の本質だ。孤島を作って閉鎖的空間を作るのではなく、島を開放的空間とするための仕掛けを用意するのである。自社による統制がほとんど及ばない社外の不特定多数へ無制限にリソースを提供することになるから、古い常識からは暴挙と言えなくもない。

しかし、世の中がそういうサービスで溢れれば、データがネットを介してありとあらゆる場所へ広がり、広がったデータがさらに新しい価値を生み出すという連鎖が起こる。その連鎖を引き起こす主役は、データを広める最も効果的な手段を有するサービス開発者である。複数のサービスから提供されるデータを自由に操ることで、全く新しいサービスも次々と開発される。その繰り返しによって、ウェブ世界全体が自己増殖的に発展していく。開放によって全体が大きく発展してパイが大きくなるほうが、閉鎖してジリ貧に陥っていくよりもずっといい。個々の表現者の立場から言えば、一人ひとりの表現行為が他者の表現行為と自由に結びつけられることで、共同作業による創造行為の可能性が拓かれる（次章以降で詳述）。Web 2.0 とは、そんな新しい考え方を実現するための技術やサービスの総体をいう。

eベイの創業者ピエール・オミディヤーは「Web 2.0 とは何か」と尋ねられ、「道具を人々の手に行き渡らせるんだ。皆が一緒に働いたり、共有したり、協働したりできる道具を。「人々は善だ」という信念から始めるんだ。そしてそれらが結びついたものも必然的に善に違いない。そう、それで世界が変わるはずだ。Web 2.0 とはそういうことなんだ」

と答えている。(＊3) アンチ・エスタブリッシュメント的気分とオプティミズム(楽天主義)が交じり合ったシリコンバレー精神が、Web 2.0 の背骨になっていることが、この一言からよくうかがえる。

†ネットの「あちら側」からAPIを公開することの意味

開発者向けにプログラムしやすいデータを公開するサービスを「ウェブサービス」と呼び、開発者向け機能を「API (Application Program Interface)」と呼ぶと述べたが、Web 2.0 について具体的に議論する前に、このAPIについて少し詳しく説明しておきたい。APIという言葉はもともとOSの世界で使われていた専門用語だ。その意味で、中島聡氏(現・UIEvolution 社CEO、マイクロソフト本社でウィンドウズ開発チームに所属していた)が「OSにおけるAPIとネット上のサービスにおけるAPIの違い」について、自らのブログの中で語った文章(＊4)を引用したい。

「OS (オペレーティング・システム) とは、一口で言えばコンピュータ上にあるファイル・システム、グラフィック・ユーザーインターフェイス・システム、タスク管理システム、などの各種システム・サービスの集合体のことである。ユーザーはユーザー・インターフェイスを介して、プログラマーはAPIを介して、それらのサービスとやり取りをする。

従来型のOSにおいては、そういったシステム・サービスは全て対象となるコンピュータそのものの上で実装されていた。そのため、そういったサービスで出来ることは、「画面に円を描く」、「現在時刻を知る」、「ハードディスク上のある音楽ファイルを探す」など、そのコンピューター自身が単独で提供できるものに限られていた。二五年ほど前に作られたMS-DOSも、二〇〇六年に発売の予定されているロングホーン（マイクロソフトの次世代OS）も、その意味では全く同じである。

一方、グーグル、アマゾン、ヤフーの提供するサービスは、「緯度・経度で指定した場所の地図を表示する」「シアトル・マリナーズが今戦っている試合の状況を取得する」「今週の日曜日に渋谷で見ることの出来る映画のリストを取得する」「スター・ウォーズ エピソードIIのDVDを購入する」「過去、二四時間以内に世界中で発生した地震の規模と震源の位置のリストを取得する」「ワシントン大学のビルの上に設置されたウェブ・カメラの向きを変更する」「自分と同じレベルのチェス・プレーヤーを探して、対戦の申し込みをする」などの、より我々の生活や仕事に密着した、実世界と関わりのある情報を取得したり、実世界にあるものをコントロールしたりするサービスである。

この二つの違いはものすごく大きい。（中略）この地球上にあるネットに繋がった全てのものを一つの巨大なシステムとみなし、それらの提供する各種サービスをユーザーやプログラムからアクセス可能にするのがグーグルの役割なのである。こう考えて見ると、どうしてグーグルの提供するAPIの方がロングホーンのAPIよりも遥かに魅力的なのかが明確になってくる。マイクロソフトやインテルがどんなに頑張っても、一台のコンピューターに閉じた世界で出来ることは限られている。」

ネットの「あちら側」から「APIを公開する」とはどういう意味なのかを、この文章は見事に説明している。「こちら側」の一つのコンピュータの閉じた世界でAPIが公開される場合に比べ、「あちら側」からAPIが公開された場合、そのAPIを活用する側にとって、可能性空間が圧倒的に大きく広がるのである。

†グーグル・マップスのAPI公開

二〇〇五年六月二九日、グーグルは地図検索サービス「グーグル・マップス」のAPIを公開した。世界中の開発者誰もがこのAPIを活用し、面白いと思う情報を重ね合わせたりして自由に新しいサービスを開発できる仕掛けを用意した。翌三〇日には、グーグルと競合するヤフーも同じく「ヤフー・マップス」のAPIを公開した。

地図検索サービスのデータベースを開放することは、不特定多数の開発者、いわば有象無象の連中を無数に巻き込んで、地図に関係するサービスを自由に開発させることを意味する。そうすれば、サービス提供側の一社では思いつかないようなさまざまな用途が開発され、全体としてより広く利用されることになる。地図検索サービスのAPI公開は、そういう計算に基づいている。PC産業において「OSにおけるAPI」が公開されて、その結果PC用アプリケーションが百花繚乱のごとく生まれたのと構造自身は同じで本質的には新しいことではないが、違うのは、中島氏が指摘するように、可能性空間のスケールの大きさなのである。

「グーグル・マップス」のAPI公開からちょうど一週間が経過した二〇〇五年七月六日の昼下がり。私は東京にいた。取締役として関わることになった㈱はてなの渋谷鉢山町のオフィスで、若いエンジニアたちが何を開発しているのかを眺めていた。ときおり歓声が上がるので、話を聞いてみると「グーグル・マップス」のAPIを利用して「はてなマップ」というサービスを開発中で、まもなくできあがると言って興奮していたのである。

「はてなマップ」とは、たくさんの人たちが、それぞれ撮影した写真や書いた文章を、関連する場所を示す地図上に自由に添付できるサービスだ。たくさんの人が地図上であれこれと遊ぶことによって派生する新しい情報を、皆で楽しもうというコンセプトのサービスである。

しかしそもそも、はてなは自社で地図情報なんか持っていない。地図情報をハンドリングする技術の専門家も特にいない。いるのはサービスのアイデアを出して迅速に開発を始める開発者たちだけだ。それでも「グーグル・マップス」のAPI公開からわずか一週間で、そんなサービスが出来上がってしまっていた。

†がっくりと肩を落としたコンピュータ業界の長老

私はその夜、東京で人生の大先輩と食事をする約束をしていた。相手は、日本のコンピュータ産業の黎明期から活躍された方だ。いまは悠々自適の生活をされているが、私がまだ駆け出しのコンサルタント時代からお世話になった恩があり、何か私が新しいことを始めるたびに報告のためにお会いするのが通例となっていた。

その日の挨拶代わりに「はてなマップ」を彼に見せながら、私は近況を報告した。第一線を退いているとはいえ、彼はこの道のプロである。目を輝かせて私にいくつか鋭い質問を投げかけたあと、がっくりと肩を落とした。ネットの「あちら側」のAPIが公開されることの脅威を、彼は瞬時に正確に認識したのである。

いま大企業のシステムは、ネットの「こちら側」に作られる。過去何十年もかけて作り上げられてきた複雑なシステムが堅牢に出来上がっているから、ちょっとした機能を増強するのでも億単位のカネを、大企業はコンピュータ・メーカーやシステム・インテグレータに支払わなければならない。インターネットの時代になって早一〇年が過ぎても、この構造は崩れていない。だからコンピュータ・メーカーやシステム・インテグレータは、インターネット時代とチープ革命の破壊的組み合わせの打撃をもろに受けずに、今日まで生き長らえている。

しかし一方、ネットの「あちら側」では、ありとあらゆるリソースが自在に融合され始めている。それがWeb 2.0の核心だ。「はてなマップ」の開発に一週間しかかからないのだとすれば、いずれ「あちら側」のサービスのコスト構造は、「こちら側」のシステムのコスト構造の何万分の一になってしまう。彼はこのコスト構造における圧倒的な差を理解して、自分が育ててきたと自負するコンピュータ・メーカーの今後に思いを馳せ、がっくりと肩を落としたのである。

その翌日私は、あるメーカーで米国最新動向についてトップに向けて話した。「はてなマップ」を見せたりもしながら、グーグルの話などもした。さすが莫大なシステム開発費を投じている巨大企業のことである。質問は「『はてなマップ』の開発コストはいくらだったのか」であった。あえて隠し事をする必要もないので、私は正直に答えた。

「エンジニアが一人はりついて実質五日でできたものですから、トータル五人日というところですね。人月のコスト計算は特にしていませんが、開発費はせいぜい数十万円というところでしょうか」

質問したトップは「冗談だろう。数億円、いやもっとかかるに決まっているじゃないか」と重ねて問いかけた。本章で解説している Web 2.0 の考え方に通暁していなければ当然の質問だ。グーグルやヤフーはこのシステムの開発に莫大な投資をしているわけで、ゼロから開発することを想定すれば、トップの言う通りなのである。システム部門長が「いや、これはおもちゃですから」と口を挟んだが、そちらは大間違い。おもちゃではないのだ。ちゃんとできて動いているもののAPIが公開されたから、コスト構造が激変したのである。しかし「いや、これはおもちゃですから」というのは、どこかで聞いた言葉だなぁ、と私は思った。八〇年代にPCが世の中に登場したときも、大企業のシステム部門の人たちはこの言葉を繰り返し、一世代前の技術への莫大な投資を正当化していた。

むろん「大企業のシステムのすべてが永遠に「こちら側」で閉鎖的に作られなければならない」という仮定が正しいとすれば、長老の心配は杞憂にすぎない。開放された「あちら側」のデータやサービスを利用して何かの機能を実現するためには、自分も開放的でなければならない。一足飛びに大企業がこういう考え方に移行するとは考えられない。

しかし、そういう開放性を持った「あちら側」を利用したシステムと、完全に閉鎖的でなければいけない「こちら側」のシステムのコスト差が、一万倍、一〇万倍、一〇〇万倍と大きく広がっていくというのが事の本質である。それだけのコスト差が出れば、徐々に経済合理性が働き、少しずつ大企業の情報システムも「あちら側」「開放性」といったキーワードで動き始める時がやってくる。チープ革命と Web 2.0 が手に手を取り合って進展することで訪れるその時に、IT産業は再び大激変に見舞われる。それが「次の一〇年」の間に必ず起こるはずだ。

†ヤフー・ジャパン、楽天は Web 2.0 に移行できるか

ロングテールと Web 2.0 は表裏一体の関係にある。キーワードは不特定多数無限大の自由な参加である。それがネット上でのみ、ほぼゼロコストで実現される。ロングテール現象の核心は「参加自由のオープンさと自然淘汰の仕組みをロングテール部分に組み込むと、未知の可能性が大きく顕在化し、しかもそこが成長していく」ことである。そしてそのことを技術的に可能にする仕掛けとサービス開発の思想が Web 2.0 である。

さて本章の最後に、「ロングテールと Web 2.0」新時代におけるネット列強の役割を考

えよう。自らをロングテール追求者と定義するグーグルのCEOエリック・シュミットは、ロングテール追求の意味をいつもこう表現する。

「厖大な数の、それぞれにはとても小さいマーケットが急成長しており、その市場がグーグルのターゲットだ。グーグルは、厖大な数のスモールビジネスと個人がカネを稼げるインフラを用意して、そのロングテール市場を追求する」

グーグルらネット列強が追求するロングテールとは、長い尾に連なる不特定多数無限大の、個々には小さな市場の集積である。ネット列強が、自社が持つデータやサービスを開放し、その周辺で誰もが自由に新しいサービスを構築できるようになり、そしてまたその新しいサービスのデータやサービスが開放されることには、いったいどういう意味があるのだろうか。

ロングテール追求機会もまた、広く誰にも開かれるようになるということだ。これからのネット列強の役割とは、ロングテール追求の連鎖をウェブ全体に引き起こす主体となることなのである。

しかし二〇〇五年末段階において、日本のネット列強たるヤフー・ジャパンと楽天は、Web 2.0 の開放性をサービスに導入していく気配がほとんどない（ただヤフー・ジャパンの場合、米ヤフーの影響もあり、二〇〇六年以降に大きく戦略転換をはかる可能性があるので期待したい)。Web 1.0 の閉鎖的空間で事業を営むにとどまっている。自らが開発した島を開放的空間にする気はなく、相変わらず孤島の魅力を競いあうことがネット事業だと考えており、そのことが日本のウェブ全体の進化・発展を阻害している。ヤフー・ジャパンや楽天のようなサービス提供者が Web 1.0 のままだと、その周辺にロングテール追求の事業機会が生まれないのである。その理由を考えてみよう。

「ネット世界の三大法則」の第二法則「ネット上に作った人間の分身がカネを稼いでくれる新しい経済圏」がネット世界には生まれ、それがこれから大きく成長していくことがウェブ全体の進化・発展には不可欠だ。今この新しいバーチャル経済圏とは、グーグルのアドセンス経済圏を除けば、その他ネット列強によるアフィリエート経済圏が中心である。このアフィリエート経済圏が、Web 1.0 世界(ヤフー・ジャパン、楽天)ではあまり発展せず、Web 2.0 世界(アマゾン)では大きく発展するのである。

アフィリエートとは、ウェブサイト上にeコマースサイトへのリンクを張り、ユーザがそのウェブサイトを経由して商品を購入すると、サイト管理者に報酬が支払われる仕組みである。

この仕組みをごく普通のユーザが利用できるだけなのか、それとも開発者がその仕組みの上に新しいサービスを開発できるか。前者でとどまっている限りは Web 1.0。後者まで進んではじめてWeb 2.0である。その違いがWeb 2.0における重要ポイントだ。

アフィリエートをごく普通のユーザが利用するというのは、⑴自分のサイトでたとえば楽天の商品にリンクを貼って紹介し、⑵そのサイトを訪れた人がそのリンクを経由して楽天サイトに飛びその商品を買った場合に、⑶そのサイト運営者にマージンが落ちる、そんな構造である。サイトには手動で楽天の商品を貼り付けなければならないから、ロングテールに並ぶすべての商品を貼り付けることはとてもできない。よって、そこそこ売れ筋の商品を選んで貼り付け、コスト対効果を上げようという方向に傾き、どうしても「恐竜の首」的なビジネスになりやすい。「手動」というところにコスト構造的な限界があって、ロングテール追求がしにくいのである。

一方、アマゾンのウェブサービスでは、アマゾンの全商品データへのアクセスがプログラムから可能だ。だから開発者がアマゾンの取り扱う全商品を対象としたサービスを容易に開発でき（つまりロングテール追求が一気にでき）、ウェブ全体でのロングテール追求の連鎖が生まれる。しかし、ネット列強たる大元のサービス提供者がWeb 1.0のままだと、その周辺にロングテール追求の事業機会が生まれないのだ。

ヤフー・ジャパンや楽天は、日本の中で誰よりも上手にWeb 1.0ビジネスを成功させた。ただいったん成功を収めたあとは、アマゾンのようなルール破壊者にならず、ネット事業を Web 1.0 のままにして、日本の中でエスタブリッシュメント化していく方向をひた走っている。

ヤフー・ジャパンや楽天は、ユーザに対してはポータルサイトやeコマースといったサービスを提供するサービス提供者の顔を見せつつ、開発者に対してはサービス開発用プラットフォームの提供者という別の顔を持たなければならない。提供するサービスを通じてユーザから得たさまざまなデータを、開発者向けAPIという別のインターフェースで公開していくべきなのだ。ユーザはニュースを読んだりモノを買ったりするためにヤフー・ジャパンや楽天のサービスを使い、開発者は自分のサービスを開発するためにヤフー・ジャパンや楽天を使う。そんな姿を目指さなければならない。

ヤフー・ジャパンや楽天は、孤島の魅力を高めるだけの今のやり方を改めて、「サービスであると同時にプラットフォームでもある」Web 2.0 化を遂行し、島のいたるところに誰もが勝手に港を作ったり橋をかけたりする自由を担保するような大政策転換を果たさなければならないのである。

＊1　http://mf247.jp/index.html

＊2　http://d.hatena.ne.jp/marusan55/20050808
＊3　http://ross.typepad.com/blog/2005/10/pierre_omidyar_.html
＊4　http://satoshi.blogs.com/life/2005/08/google_os_.html

第四章

ブログと総表現社会

1 ブログとは何か

†面白い人は一〇〇人に一人はいる

インターネット上でブログ（Blog）が増殖している。ブログとは日記風に書かれた個人のホームページのことであるが、二〇〇五年にその数が米国では二〇〇〇万を超え、日本でも五〇〇万を超えた。ブログの語源はウェブログ（Weblog＝ウェブの記録）で、個人が「ネット上で読んで面白かったサイトにリンクを張りつつ、その感想を記録する」ことをこう呼んだのがルーツである。何もないところから、つまり自分の頭の中から何かを生み出して毎日のように日記風に書くのは難しくても、「ネット上にこんな面白いものがあったよ」ということを人に知らせることから始めれば敷居は低い。もともとは「コロンブスの卵」のようなアイデアではあったが、だからこそシンプルで良く、ブログの増殖ぶりはすさまじい。

ブログが社会現象として注目されるようになった理由は二つある。

第一の理由は「量が質に転化した」ということだ。ブログの面白さ・意義とは、世の中には途方もない数の「これまでは言葉を発信してこなかった」面白い人たちがいて、その人たちがカジュアルに言葉を発する仕組みをついに持ったということである。いろいろな職業に就いて、独自の情報ソースと解釈スキームを持って第一線で仕事をしている人々が「私もやってみよう」とカジュアルに情報を発信し始めれば、その内容は新鮮で面白いに違いない。ブログの総数が数万のときと数百万となった今とでは、質の高いブログのそろい方がぜんぜん違う。

母集団が数百万とか一〇〇〇万というような、私たちの生活感覚からすると事実上無限大とも言うべき数字に近づいていくと、一%だって数万から一〇万、〇・一%だって数千から万のオーダーであるわけだ。いくら母集団が雑多で玉石混交でも、これだけ量が増えれば、意味のある面白いブログの絶対数も閾値を超えてくる。上位一%ということの実感は、たとえば「大学の五〇〇人くらい入る大教室の全員がある日ブログを書き始めたとして、その中で最も面白いもの五つ」くらいの感じだから、上位一%のブログに新鮮な視点が含まれていて、何の不思議もないわけである。

逆に言えば、これまでモノを書いて情報を発信してきた人たちが、いかに「ほんのわずか」であったかということに改めて気づく。そしてその「ほんのわずか」な存在とは、決して選ばれた「ほんのわずか」なのではなく、むしろ成り行きでそうなった「ほんのわずか」なのだ。これまで情報を発信してきた人たちの実力というのは、これまで発信してこなかった人たち全体のせいぜい上位一％くらいの層と同程度。特にビジネスや技術や経営といった領域でその傾向が顕著で、芸術的な領域を除けば、たぶん他領域にも概ねあてはまるはずだ。そんな認識が少しずつ広がりを見せているところが、ブログの本質を考える上で重要なポイントである。

高校時代・大学時代の友人たちを思い出してみればいい。「一六―一七歳なのに凄い奴がいたなぁ」「あいつは本当に大した技術者だなぁ、天才ってこういう奴のことを言うのかなぁ」「あの男は本当に頭がいいな、膨大な量の本を読んでいて何でも知っていて敵わないな」「彼女は、ふだんは目立たないけれど、ときおりドキッとするような視点で新鮮な言葉を使うなぁ」……。誰しもそんな友人を何人も思い浮かべることができるだろう。彼ら彼女らの中で、これまでモノを書いて情報を発信してきた人たちなど、ほとんどいなかったではないか。

†「書けば誰かに届くはず」

しかし、ブログには参入制約がないから、総体としては玉石混交になる。それも石の比率が圧倒的に高い。よって、読み手側で玉と石を選り分けられなければ、とてもではないが面白いものにたどりつけない。ならばプロの手によってあらかじめ編集された新聞や雑誌をパッケージとしてまとめて読むほうが効率的だ。インターネット時代が到来して以来一〇年、ネットのインパクトがメディアにおいて限定的だったのは、この玉石混交問題ゆえであった。

そしてブログが社会現象化した第二の理由とは、ネット上のコンテンツの本質とも言うべきこの玉石混交問題を解決する糸口が、ITの成熟によってもたらされつつあるという予感なのである。この本質的問題が解決されるのなら、潜在的書き手の意識も「書いてもどうせ誰の目にも触れないだろう」から「書けばきっと誰かにメッセージが届くはず」に変わる。そんな意識の変化がさらにブログの増殖をもたらす好循環を生み出している。

ではその原因となるITの成熟とは何か。一つはグーグルによって達成された検索エンジンの圧倒的進歩。もう一つはブログ周辺で生まれた自動編集技術である。

グーグルの検索エンジンが行っているのは、知の世界の秩序の再編成である。すべての言語におけるすべての「言葉の組み合わせ」に対して、それらに「最も適した情報」を対応させるのが検索エンジンだ。あることに対する深い関心を共有する見ず知らずの書き手と読み手が、検索エンジンに入力する「言葉の組み合わせ」を通して出会うことが可能になったのだ。

加えてブログ周辺には、グーグルほどスケールの大きなイノベーションではないものの、気に入ったブログの更新をウォッチする仕組み、ブログの個別の書き込みに対して読み手が意見や感想を書く仕組み、書き手と書き手のつながりが次々と発展していく仕組み、読み手の関心領域に近いブログを新たに発見する仕組みなど、広義の自動編集技術が日々進化を続けている。

ただ、質の高いブログが増殖してはいるものの、同時に関心のないブログもその千倍以上多く増殖している。また質の高いブログの中でも、自分に関心のないテーマの書き込みが大半という現象を前にして、限られた時間をうまく使って、自分にとって面白いもの、意味あるものをいかにして読むか、という悩みに終わりはやってこない。自分にとって意味があるものだけを自動抽出することの重要性は高まるばかりだが、その実現は難しい。この領域には、技術的にもビジネス的にも、未開の荒野が広がっている。

†記事固有のアドレス付けとRSS配信

本章冒頭で「ブログとは日記風に書かれた個人のホームページ」とやや曖昧に紹介したが、ブログがブームとなった背景に、何か技術的なブレークスルーはあったのだろうか。

ブログは技術が作り出したブレークスルーではない。しかしそれまでの個人の日記風ホームページと比べると、大きな技術的変化が二つあった。

一つはブログの仕組みが、記事をコンテンツの単位として設計されていたことである。つまり個々の記事に固有のアドレス（URL）がつけられた（Permalink:パーマリンクという）。技術的に難しいことではないが、これが当たり前になったのは非常に大きかった。それぞれのブログの記事に固有のアドレスがつけば、「○○さんのブログ」とか「○○さんのウェブサイト」というふうにたくさんの情報が混在する塊を指し示すのではなく、「○○さんのブログのこの記事」とピンポイントで紹介できる。そのウェブサイト全体の内容が次々と更新されても、書かれたその記事のアドレスは変化せず、リンクが永続する。ウェブサイトという単位よりももう一つ小さなくくりである記事が、ブログで取り扱う標準的単位になった。またまた「コロンブスの卵」なのだが、これが第一の技術的変化である。

第二の技術的変化は、RSSという古い技術（酒）がブログという新しい仕組み（皮袋）に取り込まれ、ブログとRSSという組み合わせが、全く新しい可能性を拓いたことである。RSSとは「Really Simple Syndication」または「Rich Site Summary」の略であるが、ウェブサイトの更新情報を要約してネットに向けて配信するための文書フォーマットのことだ。

もともとウェブサイトとは実に受動的なメディアで、サイト上で何か更新を行っても、誰かがそのサイトを見に来てくれない限り、その更新は人の目に触れないという代物だった。しかし「更新情報を要約して配信」できるということは、そのウェブサイトの更新を能動的にネットに向けて知らしめることができるということを意味する。

記事をコンテンツの単位として考えたブログの仕組みと、サイト内の記事の要約を配信するというRSSフォーマットの構造がうまくマッチしていたため、ブログを書くためのツールのほとんどが、最初からRSS配信機能を組み込んだ。つまりブログツールは、記事が書かれてサイトが更新されるたびに、RSSフォーマットの情報（RSSフィード）を、ネットに向けて自動的に配信するようになったのである。

むろんブログの書き手のほとんどはそんなことを知らない。しかし、インターネット上は、ブログを書いた人たちの記事の数だけ吐き出されたRSSフィードで溢れるようになった。フォーマットがRSSという形で標準化されていたから、ネット上の誰もが、それらを拾って蓄積したり、加工したり、サービスを開発したりできるようになった。情報の自己増殖・伝播メカニズムの芽が、ブログとRSSの組み合わせによって生まれたのである。

†大きく異なる日米ブログ文化

米国のブログは、米国の文化そのものだなと思うことがよくある。

米国は実名でブログを書く人が多く、日本は匿名（ペンネーム）で書く人が多い。それとも関連するのかもしれないが、米国に住んでいて思うのは、米国人の自己主張の強さ、「人と違うことをする」ことに対する強迫観念の存在である。彼ら彼女らは「オレはこういう人間だ、私はこう思う」ということを言い続けてナンボの世界で生きているから、ブログもそのための道具として使われる場合が多い。とてもストレートだ。

日米の専門家を比較して思うのは、日本の専門家はおそろしく物知りで、その代わりアウトプットが少ないということだ。もう公知のことだから自分が語るまでもなかろうという自制が働く。米国の専門家はあんまりモノを知らないが、どんどんアウトプットを出してくる。玉石混交だがどんどんボールを投げてくる。

またシリコンバレーのオープン・カルチャーとブログの親和性はとても高い。日本とシリコンバレーの両方に詳しい吉岡弘隆氏（ミラクル・リナックス取締役）が自身のブログ(＊1)でこんなことを書いている。

「米国で働く時にだって入社一日目にNDA（秘密保持契約）へのサインをするし常識の

範囲での守秘義務はある。（中略）スタンフォード大学のデータベースグループは毎週金曜日の午後に公開セミナーをしている。企業からの発表者がいろいろなお題で発表するのだが、オラクルやらＩＢＭやらマイクロソフトやらベンチャーやらの技術者が聞きに来ていて自由に議論をしている。単に質問をするというより、「お前はそーゆー実装をしたけど、俺はこーゆー実装をした。ＸＸＸという条件の場合は俺の実装の方が有利だと思うがどうか」つーような真剣勝負がはじまったりする。守秘義務？　何それ？　もちろん、製品の出荷スケジュールとか顧客の障害事例とかの話題はないが、技術に関する議論は、非常にオープンにされている。細かいことは隠してもしょうがない、シリコンバレーという地域で共有するくらいの暗黙の了解があるんじゃないかと言うくらい、オープンである。（中略）確かにおれがおれがというスタイルはちょっと疲れたりもするが……」

オープン・カルチャーと「おれがおれが」文化を組み合わせて、そのままアプリケーションにしたのが米国のブログなのである。

しかし米国は米国流、日本は日本流で、それぞれのブログ空間が進化していけばいいのだと思う。たとえば、日本における教養ある中間層の厚みとその質の高さは、日本が米国と違って圧倒的に凄いところである。米国は二極化された上側が肉声で語りだすことでブログ空間が引っ張られるのに対して、日本は、オープン・カルチャーが根づき始めている若い世代と、教養ある中間層の参入が、総体としてブログ空間を豊かに潤していくのではないだろうか。

2 総表現社会の三層構造

†メディアの権威はブログをなぜ嫌悪するのか

文章、写真、語り、音楽、絵画、映像……。私たち一人ひとりにとっての表現行為の可能性はこんな順序で広がっていく。それが総表現社会である。ブログとは、そんな未来への序章を示すものである。

チープ革命の恩恵で表現行為と発信行為のコスト的敷居がこれほど低くなる前は、表現した何かを広く多くの人々に届けるという行為は、ほんのわずかな人に許された特権だった。新聞・雑誌に文章を書く、ラジオで自分の作った音楽を流す、テレビで話す、絵本を出版する、映画を撮って全国の映画館で上映する……。こんなことができるのは本当に一握りの人だけだった。そうなるためには、テレビ局、出版社、映画会社、新聞社といったメディア組織を頂点とするヒエラルキーに所属するか、それらの組織から認められるための正しいステップを踏まなければならなかった。だから、既存メディアに権威が生まれた。

ロングテールの比喩でいえば、これまでメディア組織は、ロングテールにおける「恐竜の首」の部分を押さえてきた。誰がプロフェッショナルとして表現行為を行ってよいのか、国民全体の中で誰が「恐竜の首」部分の表現者なのか。プロフェッショナルを認定する権威は、メディア組織が握っていた。無数の表現者予備軍には、表現機会がほとんど与えられなかった。しかしブログの登場が、そのロングテール部分を豊かに潤し始めた。これまでは表現者の供給量を上手にコントロールしていたメディアだったが、ロングテール部分に自由参入を許すブログの出現によって、コンテンツ全体の需給バランスは崩れはじめたのだ。

メディアの権威側や、権威に認められて表現者としての既得権を持った人たちの危機感は鋭敏である。ブログ世界を垣間見て「次の一〇年」に思いを馳せれば、この権威の構造が崩れる予感に満ちている。敏感な人にはそれがすぐわかる。

基盤を脅かされる側の新しい現象に対する反応はまちまちである。しかし総じてウェブ社会のネガティブな面ばかりをメディアが取り上げがちなのは、こうした危機認識が形をかえて表出しているという面が少なくない。ネット上の新現象をメディアが取り上げるときに、善悪なら悪のほうに、清濁なら濁のほうに、可能性と危険なら危険のほうにばかり目を向け、「そこを指摘することで世の中に警鐘を鳴らすのが自分たちの役割だ」という立場を取るのはそのためである。

たとえば、「ブログとは「世の中で起きている事象に目をこらし、耳を澄ませ、意味づけて伝える」というジャーナリズムの本質的機能を実現する仕組みが、すべての人々に開放されたもの」に他ならないではないかと自問するとき、新聞記者たちの内心は穏やかではいられない。そういう心理はごく自然なものだ。

内心穏やかでいられないのは、数百万、数千万という新規参入の母集団における圧倒的な数の論理が、その背景にあるからである。はじめのうちは、ネット世界の特質とも言うべき玉石混交における「石」の部分を指摘していれば安泰でいられた。「そんなコンテンツなんて大半はクズである」が権威側からよく聞かれる典型的な言葉であった。しかし「石」をふるいよけて「玉」を見出す技術が進化してくるのを目のあたりにして、いまや「玉」のほうと向き合わざるを得なくなった。「石」を「石」だと言うことは簡単でも、「玉」を「玉でない」と言うのは苦しい。嘘をつくことになるからである。よって再び「石」の悪質さを過激に指摘する方向に走ったり、玉石混交の面倒さを切々と論じたりする。しかし、権威側が指摘する諸問題を解決するためのテクノロジーは、日進月歩で進化している。既存メディアの権威が本当に揺らいでいくのはこれからなのである。

†総表現社会の一〇〇〇万人

本書全体を貫く背骨の一つに「不特定多数無限大」というキーワードがある。一方、ネットやブログを巡る論説の多くに、不特定多数無限大の参加は「衆愚」になるはずだという根強い考え方がある。そしてそれは、これから終章にかけて詳述する「ネット上の「不特定多数無限大」を信頼できるかどうか」という問題提起と密接に関連している。

「エリート対大衆」という二層構造ではなく、三層からなる構造で、この総表現社会を見つめてみる必要がある。文章での表現行為ということを例に取れば、いま既存の権威によって表現者として認められた層がだいたい一万人くらいいるとしよう。日本の総人口を一億人と丸めれば、その層の一万人とは、人口全体から見れば、一万人に一人という計算になる。二層構造にして絵を描くと、厚さ一〇メートル（正確には九メートル九九センチ九ミリ）の大衆層の上に厚さ一ミリのエリート層が乗った絵になる。第三章でロングテールの絵を紙の上で描けなかったのと同様、この絵も挿絵として挿入することができない。

私は、この二つの層の間に、総表現社会参加者という層をイメージするべきだろうと考える。一万人でもなく一億人でもない、たとえば一〇〇〇万人（ここは五〇〇万人でも二〇

○○万人でもいい）の層。「一万人に一人」ほど稀少ではないけれど「一〇人に一人」（または「五人に一人」「二〇人に一人」でもいい）くらいの人たちの層。これが、ブログを序章とする総表現社会の到来によって浮き上がってくる新しい層である。

「不特定多数無限大の参加は衆愚を招く」と根強く考える人たちに、「百歩譲って一億人なら衆愚かもしれないけれど、一〇〇〇万人だったらどうでしょう」と、私は問いかけてみたいのである。

ところで、finalventというペンネームで絶大な人気を誇るブロガー（ブログの書き手）が日本にいる。彼が自身のブログで「ブログと専門性」という文章（*2）を書いている。

「ニーズがあるのは、専門家そのもののスクリプトではなくて、それを伝えるスクリプトなわけで、単純にいえば、専門と一般を繋ぐブログということになる。

ただ、（中略）専門＝権威、それをわかりやすく市民に啓蒙するというのは権力の構図であり、すでに失敗した構図なので、それをブログでなぞることはあまり意味がない。（中略）ちょっと別の方向性を考えたほうがいいだろうとは思う。（中略）ある種の「連帯」の構築なのだろう。（中略）ある種の社会合意形成の連帯だろうと思う。（中略）

少し具体的な側面でいうと、例えば北朝鮮拉致問題や中国反日問題。基本的にこうした問題について、あまり声高に意見を述べる必要はない。また、特定の意見や特定の論者を信奉する必要はない。大抵の場合、大衆の健全な常識はこうした場合に無言なものだ。が、その無言がかつては、ある実際的な社会連帯の実感を伴っていた。現代ではそれがない。現代では、実体的な社会でのそういうコミュニケーションはないし、復権もできない。

そうしたとき、ブログなりは、ある種、フツーなふーん、という常識的な連帯の水準を形成しえるように思う。（中略）エントリーを読みながら、ふーん、そーだよねー、というふうに意識を再確認するという連帯があると思う。」

口語でくだけた調子で書かれた文章だが、ブログの本質をえぐる内容だ。まさにこの「ふーん、そーだよねー」的な連帯が、一〇〇〇万人の総表現社会参加者層で生まれることこそが、全く新しい可能性なのだと思う。

†小泉圧勝を解散時に誰が予想できたか

二〇〇五年九月一一日の総選挙で小泉自民党は圧勝した。

「約一カ月前に小泉総理が衆院を解散したとき、永田町で自民党圧勝を予想する人は一人もいませんでした。ただ小泉総理だけがそれを確信していたのです」

小泉圧勝の直後に政治記者（政治のプロ）が話すこんな言葉を聞いたことが、総表現社会を三層構造で考えるきっかけとなった。

実は私は、衆院解散とほぼ同時に小泉圧勝を予感していた。あとからそんなことを言っても仕方ないので、旧知の友人何人かにメールを送ってその予感の証人になってもらっていた。「永田町」「政治のプロ」つまり政治に関するエリート層の大多数には予見できなかった小泉圧勝を、私はどういう情報とどういうロジックで導いたか。

まず私は「政治のプロ」などでは全くないから、政治を論ずることについてのエリート層ではない。そういう知り合いもほとんどいない。だから彼らに意見を聞くというすべは持たない。一方、米国に住んでいて日本のテレビは全く見ず、日本の情報はもっぱらネットに依存した生活を送っている。

私は総選挙の結果に興味があったので、解散と同時に丹念に日本のブログ空間の言説を読んだ。私は情報を分別するリテラシーは高いほうなので、数時間かけて、だいたいの感じを摑むことができた。そして驚いた。凄い小泉支持率じゃないかと。むろんすべてのブログを読むことはできない。そして私というバイアスがかかることも事実だ。しかしそれを差し引いても、小泉支持の声が異常に大きい。特に「自分は民主党支持者だが今回だけは小泉」というようなことを書いている人が目についた。私は小泉支持のかなり強い風が吹いているのを感じた。

そんなおり珍しく、母から国際電話がかかってきた。話の中身は、「今回の選挙は、誰に入れるべきなのか」という軽い相談であった。私は「政治のプロ」ではないが、家族・親戚という小さなコミュニティの中では、専門でない政治のことについても、それなりに意見が信用される。私は母に、今回は小泉支持だと伝えた。私は「老人も子供も含めて一〇人に一人」くらいのコミュニティ内での信用をもとに、小さな影響力を行使した。そして、こんなことがひょっとしたら日本中で起こっているのではないだろうか、ふとそう思った。総表現社会参加者層はブログ空間に影響されて判断し、リアル世界でミクロに「大衆層」に影響を及ぼす。そんな連鎖が起きた最初の事例として小泉圧勝を読み取ることもできるのではないだろうか。

3 玉石混交問題の解決と自動秩序形成

†検索エンジンの能動性という限界

数百万、数千万という母集団における圧倒的な数の論理によって玉石混交だが「玉」の絶対数も増えてきた。そこで最重要課題は、玉石混交問題がテクノロジーによって解決されなければならないというところに移行してきた。

忙しい現代人にとって最も貴重な資源は時間である。玉石混交から「玉」を探す作業に時間を費やし「玉」の発見に情熱を注ぐことができるのは、暇人だけである。暇人がいくらブログは面白いと騒いでも、忙しい人の心には届かない。忙しい人には、「玉」の発見にかける時間などないから、玉石混交問題の解決に大きなブレークスルーがなければ、相変わらず、新聞・雑誌などパッケージされた情報源への依存が続くことになる。


総表現社会＝チープ革命×検索エンジン×自動秩序形成システム

という方程式で、ブログと総表現社会の今後を考えてみたいと思う。

まず放っておいても「ムーアの法則」によってチープ革命は進展していく。よって年々、表現者にとっての敷居は下がっていく。表現するためのありとあらゆる道具が、ほぼ無料で次々と揃う。母集団が増えていくためにはこの第一項が必須だが、何も心配はいらない。時が経つだけで、自然によくなっていく。

問題は方程式右辺の第二項と第三項である。玉石混交問題解決における第一のブレークスルーは検索エンジンであった。検索エンジンによってネット上の知の世界が整理されたため、私たちが何かを知りたいと思ったとき、まず検索エンジンに向かうというライフスタイルは広く定着した。それによって、深い関心を共有する書き手と読み手が、検索エンジンに入力された「言葉の組み合わせ」を通して出会うことまでは可能となった。しかし考えてみれば、検索エンジンというのは、実に能動的なメディアである。問題意識、目的意識が明確な人にはいい。このことについて知りたい。あのことについて調べたい。そういう欲求がある人にとっては素晴らしい道具だ。

しかしテレビでも新聞でも雑誌でも、メディアの本質は受動性にある。こちらから何も働きかけなくても、面白いもの、知っておかなければならない大切なこと、役に立つ旬な話題などが、親切にもどんどん提供されるのがメディアである。それでこそ、人口全体を対象としたビッグビジネスになるわけだ。

これまでに技術が確立してその可能性が証明された「チープ革命×検索エンジン」までのブレークスルーでは、人口全体からみればかなり少ない「暇人で能動的な目的意識を持った人たち」の層までしか「総表現社会」の波は及んでいかない。

グーグルの検索エンジンをもってしても「言葉の組み合わせ」すら入力されない状態では、何も返せない。第三項の「自動秩序形成システム」に受動性という面でのブレークスルーがなければ、総表現社会の可能性はそこにとどまるのである。

†待たれる自動秩序形成のブレークスルー

検索エンジンも自動秩序形成システムの一つだが、何もインプットがなければ、アウトプットは出せない。では「言葉の組み合わせ」に代わるインプットとは何なのか。こういう発想の先に今後のブレークスルーが期待される。

たとえばリアルタイム性に着目するという手がある。ネット上のサイトというのは時々刻々と書きかえられていくものである。決して定常状態というものはない。グーグルだって、過去のある時点のネット世界の状態を保存して、その情報に対して計算を行う。厳密にいえばリアルタイム性はない。「ネット上に一時間前には存在しなかった」けれど「多くの人が注目している」情報を自動抽出してくることができれば、ひょっとすると何のインプットがなくても、速報性の高い情報についての「自動秩序形成システム」ができるかもしれない。そういうふうにモノを考えていくのだ。

もう一つ例を出そう。「私」と「あなた」は違う。その違いに着目するという手がある。一人ひとり情報への嗜好は異なる。「私」は「あなた」に比べて何が違うのか。それを徹底的に突き詰めていく。「私」や「あなた」は、誰と友達なのか、その友達とどんな関心を共有していてどのくらい親しいのか、何が好きなのか、過去に何を読んだのか、誰を信奉しているか……。そういう個の嗜好をインプットにして、常時世の中の変化にあわせて、個にぴったりの情報を流し続ける「自動秩序形成システム」ができるかもしれない。パーソナライゼーション（情報を個々にあわせてカスタマイズすること）とか、ソーシャル・ネットワーキング（人同士のつながりを電子化するサービス。次章で詳述）といった新しい試みは、「自動秩序形成システム」という文脈でこう解釈することもできる。「検索エンジン」の能動性という限界をいかに越えるのかという難問への取り組みは、まだ緒についたばかりだ。

では、こうした試行錯誤の末に受動的な「自動秩序形成システム」のブレークスルーが生まれた世界はどんなふうになるのか。

数百万、数千万という表現者の母集団から、リアルタイムに、あるいは個の嗜好にあわせて、自動的に「玉」がより分けられて、必要なところに届けられるようになる世界だ。しかしそれを表現者の側から眺めれば、甲子園に進むための地区予選のような仕組みが常にすべての人に開かれているような厳しい競争社会が表出することを意味してもいる。需給バランスが崩れた先は、コンテンツ自由競争が継続する世界なのだ。序章で述べた「プロフェッショナルをプロフェッショナルであると認定する権威が既存メディアからグーグルをはじめとするテクノロジーに移行する」とは、そういうことなのである。

†総表現社会のマルチメディア化に伴う大難問

総表現社会を実現するための「検索エンジン×自動秩序形成システム」を考えていく上で、実は大きな難問がもう一つある。これまでの話は主にテキスト情報、つまり文章までにとどまっている。しかし、表現行為が写真、音楽、映像へとマルチメディア化していった場合の「検索エンジン×自動秩序形成システム」などまだ全く存在しない。そんな身もふたもない現実がある。

存在しないのは技術的に難しいからである。その難しさには二つの理由がある。一つはテキスト情報と違って、マルチメディア情報を整理すること自身が難しいことだ。検索エンジンは、ネット上の情報を分類・整理するところから始まる。言葉によって整理すればいいという取っ掛かりがあり、自然言語処理技術の開発における長い歴史の果実をふんだんに使って検索エンジンは作られている。しかしマルチメディア情報をどう整理するかはそれに比べて格段に難しく、まだ決定的なブレークスルーが生まれていない。

難しさのもう一つの理由は、ユーザ側の要求の厳しさである。たとえば、テキスト情報に対するグーグルの検索エンジンとて、完璧ではない。しかし私たちはテキスト情報の取捨選択には慣れている。文章に対しては、ぱっと見て「玉」と「石」をふるいよける能力を多くの人が持っている。だから、グーグルが提示する検索結果ランキングの上から二〇個くらいの中身をぱっぱと眺めて、最後には人が自分にとっての「玉」を選ぶ行為の仕上げを無意識のうちにやっている。グーグルが完璧でないことを責めず、人間の能力で未熟な部分を補完し、しかもグーグルの達成を褒めている。そういうことがマルチメディア情報では起こらない。

何かのインプットに対するアウトプットとしてビデオが二〇個提示されたとしよう。ブロードバンド大容量化でダウンロード時間は瞬時になるとしても、そのビデオがいいかどうかは、ある程度時間をかけて見てからでないとわからない。推奨されたビデオが次々につまらなかったら、「私の貴重な時間を返してくれ」と人々は怒り出し、もうその「検索エンジン×自動秩序形成システム」は使われなくなるだろう。

第二章でグーグルとヤフーを比較した議論をここで思い出してほしい。グーグルは徹底的なテクノロジー志向。ヤフーは「人間の介在」を重視する会社だ。テキスト情報までは、グーグルのブレークスルーがヤフーを凌駕したが、「総表現社会のマルチメディア化」という土俵の競争はまた全く違うものとなるかもしれないのだ。

†総表現社会で表現者は飯が食えるのか

これまでの既存メディアの権威のもとでの秩序が素晴らしい点は、表現者として認知されれば「飯が食える」というルールがそれなりに確立していることだ。それが揺らごうとしているにもかかわらず、新しくできるかもしれない秩序では、表現者にカネが落ちてくる気配が薄い。「飯が食える」雰囲気があまりない。

「面白いけど、怖い」

表現者として今「飯を食っている」人たちはそんな気分を抱く。とても自然なことだ。しかもカネが落ちない上に、自由競争の継続がキーワードの厳しい世界が予感される。「カネは別のところで稼いでいて、表現行為は楽しいからやっているだけ」なんていう新規参入者がたくさんいるのも困りものだ。「消費者天国・供給者地獄」。供給者として「飯を食おう」と考えた瞬間にこんな言葉さえ思い浮かぶ。

では新しくできるかもしれない秩序からの収入にどれだけ期待できるのだろうか。二〇〇五年末時点で、日本で人気ブログを書くことで得られる収入は、アフィリエートとアドセンスを組み合わせて、かなり頑張って月一〇万円がいいところだろう。これがプラスアルファ分ならいい小遣い稼ぎになるからいいけれど、これまでの仕組みを代替するものだと考えると、とたんに心もとなくなってしまう。

ところで、グーグルが用意するアドセンスは、グローバルに一本のシステムで出来上がっている。日本語圏が日本の経済圏とほぼ一致しているから、日本ではあまりこのブレークスルーに意識は向かない。しかし英語圏でグローバルに一本のシステムが動いているというのは、実は凄い仕組みなのだ。リアル世界には地域経済格差が存在する。しかしアドセンス世界には地域経済格差がない。アドセンスの原資は、主に先進国企業が支払う広告費でできている。つまりドルやユーロでアドセンス経済圏はできあがっている。よって、生活コストの安い英語圏の発展途上国の人々にとっては、生活コストに比して驚くほどの収入がアドセンスによってもたらされる。ネット世界で、あるトラフィックを集めて月に五〇〇ドル稼げるとすれば、そのサイトを発展途上国の人が運営していても五〇〇ドル、先進国の人が運営していても五〇〇ドルである。ネット上に地域という概念は存在しないからだ。これは発展途上国の人にとっては天恵とも言うべき仕組み。グーグルはこのことをもって、「世界をよりよき場所にする」とか「経済的格差の是正」を目標にすると標榜するわけだ。

先進国では供給者地獄とみる仕組みも、発展途上国では天恵。この新しい「富の分配」メカニズムの恩恵を蒙る英語圏・発展途上国の人たちのブログ収入が生活に及ぼすインパクトは多大だ。これは既に始まっていることだが、果たして生活コストの高い先進国にまでこの仕組みが成長して波及してくるだろうか。そこについては意見が分かれるところであるが、新しい現象に期待する傾向が強い私でも、この点ばかりはやや懐疑的にならざるを得ない。

先進国の表現者が「飯を食う」すべは、相変わらず既存メディアに依存し続けるだろう。そんな状況が相当長く続くのではないかと思う。消費者である私たちは、ネットの世界とリアルの世界の両方で生き、相変わらず、テレビを見て、新聞を読み、雑誌を買い、ハリウッド映画を見て、DVDも買い、人気作家の長い小説を本で読み、人気ミュージシャンのCDを買い続けるのだ。かなり遠い将来までこの構造が崩れず、これまでの世界にとどまるほうが経済合理的だと、「飯を食う」ことを重視する表現者の多くが判断し続けると予想できるからである。

4　組織と個とブログ

†信用創造装置・舞台装置としてのブログ

誰かに初めて会う前には、検索エンジンを使って相手のことを調べ、その人に関するネット上の情報を前もって読んでおくというのは、個で仕事をする人たちの間では、ごくごく自然の振る舞いとなった。その意味でブログは、個の信用創造装置としての役割を果たすようになりつつある。

私ももう実名で何年も続けてブログを書き、同時に多くのブログを読んできた。知人と頻繁に会わずとも、またときには見ず知らずの相手とも、ある種の信頼関係を生み出し得る舞台装置のような意味を、ブログから強く感じる。

大組織に属する人たちの多くは、個としての情報がネット上に流れることを嫌いがちだ。個人情報をさらせば組織内で無用な詮索をされるケースもあるし、大組織の看板で仕事をしている場合には、個としての存在感を表に向かって出す必要がそもそもない。大組織の内部が素晴らしいコミュニティとして完結している場合には、そのコミュニティの外部に個として出ていく理由も存在しなかった。しかし日本も大きく変化している。

私は一九九四年に渡米したが、外から見る日本の変化は激しい。特に金融ビッグバンあたりを分水嶺に、九〇年代後半から変化が加速しているように感じる。日本ビジネス社会における大きな変化は、大学生や大学院生が就職先を考えるときの選択肢の中に、「共同体意識に縛られた日本の旧来型組織」の外で質の高い仕事ができる場所が増えたことである。そういう場所は、私が大学を卒業した八〇年代前半にはとても少なかった。

たとえばＩＴ系外資と言っても、当時は日本ＩＢＭと日本ＤＥＣを除けば質の高い仕事ができそうな就職先はほとんどなかったが、今はたくさんある。金融の世界も大きく変わったから、外資系投資銀行、プライベート・エクイティ・ファンド等、さまざまな選択肢がある。プロフェッショナル・ファームという概念も当時はなかったが今は当たり前だ。そしてベンチャーの概念も大きく変わった。

さらに日本の旧来型組織の中でも、カルロス・ゴーンの日産自動車、ダイエーやカネボウのように再建過程で資本構成が変化して経営や組織のあり方が様変わりした企業などが日に日に増えている。四十代でＣＥＯや社長になるというキャリアパスなど昔は全くなかったが、これからは当たり前になる。

「共同体意識に縛られた日本の旧来型組織」以外に職を探そうとしても、いまはふんだんに選択肢がある。日本組織の暗黙のルールは「日本は雇用流動性が低いから、共同体に忠誠を尽くすことが最優先事項」であったが、その外で通用するスキルを持つ人にとって、日本ビジネス社会の雇用流動性はかなり高くなった。雇用流動性が高くなったということは、「内向きの論理」だけでは生きていけず、組織に属しながらも、外を常に意識しなければならないのが当たり前になるということだ。

その意味でも、個の信用創造装置・舞台装置としてのブログの意味合いは、今後ますます大きくなる。人口全体で見れば「表現者として飯が食えるか」などと考える人はもともと少数派なわけで、広く一般的経済活動の一環で個と個の信頼関係を紡ぎ出す場としてのブログの意味合いに比べれば、むしろ小さな話であるとも言える。

もう一つ重要なのは、ブログは個にとっての大いなる知的成長の場であるということだ。fladdict.net blog の「知的生産性のツールとしてのブログ」[*3] という文章がある。ブログを書き続けることによる自らの成長がこんなふうに書かれている。

「実際ブログを書くという行為は、恐ろしい勢いで本人を成長させる。それはこの一年半の過程で身をもって実感した。(中略)ブログを通じて自分が学習した最大のことは、「自分がお金に変換できない情報やアイデアは、溜め込むよりも無料放出することで(無形の)大きな利益を得られる」ということに尽きると思う。」

そしてその「溜め込むより無料放出」についてはさらにこう詳述される。[*4]

「まず個人にとってのオープンソースとかブログとは何か。それはポートフォリオであり、面接であり、己の能力と生き様がそのままプレゼンテーションの装置として機能する。(中略)記事を書き続けることで人との繋がりも生まれていく。転職活動をする場合、相手が読者ならば自己へのコンセンサスがある状態から交渉を始めるアドバンテージを得られる。それだけのものを、金も人脈も後ろ盾のない人間が手に入れる唯一の手段が、情報の開示なのだと思う。」

情報は囲い込むべきものという発想に凝り固まった人には受容しにくい考え方であろう。しかし、長くブログを書き続けるという経験を持つ人たちにとっては、実感を伴って共感できる内容に違いない。ブログという舞台の上で知的成長の過程を公開することで、その人を取り巻く個と個の信頼関係が築かれていくのである。

†知的生産の道具としてのブログ

「知的生産の道具」と聞けば大抵のものは試してみるということを続けて、かれこれもう三〇年近くなる。スクラップブック、京大型カードから始まって、ハイパーカードを使うためにアップルのマッキントッシュを買ったり、アウトラインプロセッサを試したり、ブラウザの出始めのときはその上手な活用法を考えたり……。新聞や雑誌から切り抜いた資料のスクラップには、大量のクリアファイルを使った時期もあった。日ごろ使うノートや手帳やメモ用紙やポストイットなども、それぞれ何十種類も試した結果、自分の好みを定め、現在に至っている。

そんな試行錯誤の末、最近は、ブログこそが自分にとっての究極の「知的生産の道具」かもしれないと感じ始めている。

(1)時系列にカジュアルに記載でき容量に事実上限界がないこと、(2)カテゴリー分類とキーワード検索ができること、(3)手ぶらで動いていても（自分のPCを持ち歩かなくとも）、インターネットへのアクセスさえあれば情報にたどりつけること。(4)他者とその内容をシェアするのが容易であること。(5)他者との間で知的生産の創発的発展が期待できること。

この五つのシンプルな効用の組み合わせが有難い。さまざまな「知的生産の道具」と長いこと格闘してきた結果、(a)道具はシンプルなのがいい、(b)道具に対しては過度に期待するのではなく、その道具の特徴を理解してこちらからうまく歩み寄り、道具と自分が互いに短所を補いあうようにしながら、一体になってしっくりとやっていけるかどうかが重要と考えるようになった。別々の道具には別々の歩み寄り方があるのだが、ブログに至るまでは「これだ」と思うほどしっくりいくものがなかった。

では、ブログを「知的生産の道具」として使う場合の、私のほうからの「歩み寄り方」とは何か。それは、

(i) 対象となる情報源がネット上のものである場合は、リンクを張っておくだけでなく、できるだけ出典も転記し、最も重要な部分はコピー&ペーストすることである。簡単な意見や考えもあわせて書けばさらにいい。

(ii) 対象となる情報源がネット上のものでない場合（デジタル化されていない本や雑誌の

場合）は、出典を転記し、手間は少しかかるが、最も重要な部分だけ筆写することである。なぜ筆写したのかもきちんと書けば、筆写部分を「引用」扱いにできる。筆写部分の分量を常識的な線に押さえれば、著作権のことを心配することはない。筆写の割合が多く、情報の公開（効用の⑸）にそれほどの意味を感じない場合は、ブログ自身を非公開で使えばいい。

この⒤(ii)の「歩み寄り方」をした上でブログと付き合うことで、ブログは私にとって、限りなく理想に近い「知的生産の道具」になった。

†夢を実現させてくれたわが「バーチャル研究室」

私の学生時代の夢は、学問の研究をずっと続けて大学に残ることだった。しかし実際には、さまざまな偶然が重なってビジネスの世界に転じ、そして日本を離れ、そんな昔の夢などとは縁遠い世界で生きている。

なぜ大学に残りたいと思ったのだろうと思い出してみる。たしかに勉強や研究が好きだったし、学問の世界で某かの業績を残したいという野心もあったが、本質的なところでは「自分の研究室（ゼミ）を持って、学生たちと一緒に知的生活を送る」という「日々の在り様」に強く惹かれていた。ずいぶん遠い世界に来てしまったから、あれは叶わぬ夢だったのだなぁ、とふと五、六年前に思ったのをよく覚えている。

ところが、である。凄いことに私は今、ネット上に「バーチャル研究室」とも言うべきエンティティ（存在）を持ち、本業のビジネスを営む傍ら、極めて充実した知的生活を送るに至っている。生計はビジネスで立てているから、「バーチャル研究室」での知的生活からの収入はないが、その代わり、教授、助教授になった友人たちのように、大学での雑用に追われることもない。

「バーチャル研究室」ができるに至ったのは、三年前にブログと出会い、始めてみようと思ったことがきっかけだった。さて毎日何を発信しようかとずいぶん考えて、日々の勉強のプロセスを公開することにした。私は、ITやネットの世界がこれからどういう方向に進むか、それが社会や企業にどういうインパクトを与えるか、企業経営者や私たち一人ひとりは何を考えてどう行動すべきなのか、そういうテーマを、シリコンバレーで考え続けている。そんな毎日の積み重ねからまとまってきた新しい考えを顧客企業に報告し、経営者と議論を深めるのが、本業たる経営コンサルティングの仕事だ。そこでは、むろん「人から学ぶ」要素は大きいのだが、ネット上にこれでもかこれでもかと貴重な情報が溢れるようになってからは、毎朝午前五時から八時くらいまで、ネットに向かって勉強するのが習慣になっていった。

その勉強のプロセスを、ブログで公開してしまうことにしたのである。ネット上で読んだ英語の論考や記事から、特に示唆に富むものを選んで紹介する。そこでは、いま述べた「知的生産の道具」としてブログを使うための「歩み寄り方」の工夫も取り入れた。それが具体的には「英語で読むＩＴトレンド」[*5]（二〇〇五年より「My Life Between Silicon Valley and Japan」[*6]）という毎日更新のブログに結実し、二〇〇四年末までに「ほぼ毎日読む人が約五〇〇〇人、月に一度は読む人まで含めれば数万人」の読者が集まる場にまで成長した。そして、私が何か新しいアイデアを仮説として提示すれば、読者からの真剣なフィードバックが、私の視点をどんどん押しひろげてくれる「正のループ」が生まれるようになった。

そして二〇〇五年に入り、ブログに続くイノベーションの一つとして、ソーシャル・ブックマークというサービスが普及し始めた（たとえば米国は「del.icio.us」、日本は「はてなブックマーク」）。次章で詳述するが、ソーシャル・ブックマークとは、ネット上で読んだ記事・論考の中で面白いと思ったものに、後から参照できるよう印（ブックマーク）をつけ、簡単なコメントやキーワードを付すことができるシンプルな道具である。ただしそのブックマーク・リストを「ネットのこちら側」に置いて使うのではなく、「ネットのあちら側」に置いて、ネット上の誰もが共有して利用できるところに斬新さがあった。

ブログの書き手の立場からいくと、発信内容が読者からどれだけブックマークされ、どんな一言コメントが付されたかを一覧できるようになり、書いたものがどのような受け取られ方をするのかをリアルタイムで把握できるようになった。そのプロセスを観察していて、私が書くのをネットの向こうで待ち構えている数百人の常連の存在が、実感を伴って確認できるようになった。

また読み手の立場からも、注目した記事や論考を日々ブックマークするのが習慣になった。ブログで文章を書くよりもカジュアルに勉強のプロセスを公開できるわけで、教授や助教授が「この論文面白いから、読んでごらん」と研究室で学生に教えるのと全く同じような感覚を、ネット上で実現できている。そして私のブログとともにブックマーク・リストまでを常に注視して勉強している人たちが、やはり数百人規模で存在することがわかった。

日本でネット・ベンチャーをやっている若い人たちの集まりに招かれても、顧客である大手電機メーカーの若い人たちとの勉強会でも、彼ら彼女らの多くが、私のブログかソーシャル・ブックマークの常連で、初対面でもいきなり旧知の間柄のように、リアルな付き合いが始まったりもする。

こんな状態を「バーチャル研究室」と言わずして何と呼ぼうか。しかもこの「バーチャル研究室」運営のために使っている道具は無料で提供されているサービスだけ。「総表現社会をチープ革命が実現する」とは、まさにこういうことを言うのである。

＊1　http://d.hatena.ne.jp/hyoshiok/20050427
＊2　http://d.hatena.ne.jp/finalvent/20050428/1114672684
＊3　http://www.fladdict.net/blog-jp/archives/2005/04/post_48.php
＊4　http://www.fladdict.net/blog-jp/archives/2005/04/webcodezine.php
＊5　http://blog.japan.cnet.com/umeda/
＊6　http://d.hatena.ne.jp/umedamochio/

第五章

オープンソース現象とマス・コラボレーション

1　オープンソース現象とその限界

†オープンソースの不思議な魅力

「インターネット」「チープ革命」「オープンソース」を本書では「次の一〇年への三大潮流」と定義したが、そのルーツはどれも一九六〇年代へとさかのぼることができる。「インターネット」は、一九六九年に米国防総省の高等研究計画局（ＡＲＰＡ）が導入したコンピュータ・ネットワークが原型である。以来九〇年代前半までは休火山状態だった「インターネット」は、九四年から九五年にかけて大爆発を起こし、世の中に不連続な変化を及ぼした。一方「チープ革命」は連続的で、一九六五年に「ムーアの法則」が提唱されて以来四〇年にわたって、淡々と毎年毎年少しずつ、産業界に広くあまねく影響を及ぼしてきた。そして「それがこれからも粛々と続くところが凄い」という性格の潮流である。

では「オープンソース」はどうか。ソースコードを公開して共有するという考え方のルーツは六〇年代末のＵｎｉｘというＯＳにある。そして九〇年代前半までその考え方に着実な進展が見られたが、それは主に「アカデミアを中心としたソフトウェア開発の世界」というコップの中での出来事であった。しかしインターネット休火山の大爆発によってそのコップが壊れ、リナックスの大成功が引き起こされ、「オープンソース」はIT産業界の大潮流となって今日に至った。

しかしそれだけにはとどまらなかった。「オープンソース」とは、「知的資産の種がネット上に無償公開されると、世界中の知的リソースが自発的に結び付き」しかも「集権的リーダーシップが中央になくとも、解決すべき課題に関する情報が共有されるだけで、その課題が次々と解決される」という原理原則に基づき、複雑な構築物でも開発できるという発見を意味していた。そしてその発見は、「人はなぜ働くのか」「企業組織だけが万能なのではないんだな」といった普遍的かつ根源的な問いかけや予感をも誘発した。「オープンソース」はソフトウェア世界を超え、世の中全体に応用できる考え方なのではないかと思わせるだけの、不思議な魅力を秘めていたのだ。

だから、IT産業とは無関係でも、変化に敏感で極めて知的な人々が「オープンソース」をソフトウェア以外にも応用できるのではないかと考えるのは、自然の成り行きであった。本書では、ソフトウェア世界を超えたところでの「オープンソース」的な営みを「オープンソース現象」と呼ぶことにする。

†マス・コラボレーション

私たち一人ひとりの力など知れている。だから人生において何か意義のあることを成し遂げたいときには、誰かと協力しなければならない。もともと組織とは、一人ひとり異質な個々がそれぞれの持ち味を発揮し、全体として大きな達成を成し遂げる場として機能してきた。個にとって組織に属する意義とはそういうところにあった。しかし組織に属さなくてもそれができるではないか。「オープンソース現象」とは、個に対してそんな希望を提供するものだととらえることもできる。

発展途上国向けのコレラ対策における「オープンソース現象」を例に考えていこう。

コレラは一九世紀の病気という印象が強いが、発展途上国ではシリアスな問題だ。処方にカネがかかるか高いスキルが必要か、そのいずれかの治療法しかなく、貧しくて医療スキルも低い国々では、相変わらずコレラに苦しめられているところが多かった。従来の組織的手法ではこの問題が解決されなかったのだが、ネット上にこの課題が提示されたとたん、わずか数カ月の間に、関連分野のさまざまな領域の見ず知らずのプロフェッショナルたちがネット上で協力し合い、低コストでしかも訓練なしに使える新システムが開発され、その課題は解決されてしまったのである。こんなマス・コラボレーションとも言うべき話が、米ワイヤード誌二〇〇三年一一月号「Open Source Everywhere」(＊1)に紹介されたとき、シリコンバレー在住の村山尚武氏は読後感を自らのブログでこう綴った。(＊2)

「背筋をゾクゾクさせるような興奮を味わってしまった。(中略)創造の結果だけでなく過程を共有することによって参加者が互いに触発し合い、これまでに無かったもの、素晴らしいものを作ることができるのだ。それはまた、無数の凡人が互いに思考を共有し、足りない部分を補い、アイデアの連鎖反応を起こすことにより、より大きなインパクトを(大げさに言えば)文明に与えることを可能にするのである。これまた大げさな言い方をすれば、より多くの人に、「自分の生きた証」「自分のいなくなった後に残るモノ」を残す道を開いた、と言っても良いかもしれない。(中略)

コレラ治療のプロジェクトに参加した人々も、自分の貢献したアイデアが大勢の命を救う製品に、まるでジグゾーパズルが少しずつ出来上がるようにはまり込んで行く感覚を味わったはずである。」

この文章は「オープンソース現象」が個にもたらす興奮を実に鮮やかに描いている。

特に「人の命」に関わるこうした領域では、参加者の満足感は深いだろう。組織に属さずとも得られる達成感としては、これまでになかった類の上質さに違いない。

†MITのオープンコースウェア

米マサチューセッツ工科大学（MIT）の講義内容すべてをインターネット上で無償公開する巨大プロジェクト「オープンコースウェア」(*3)を題材に、今度は「オープンソース現象」の難しさについて考えてみたい。

二〇〇〇年に構想されたこのプロジェクトは「素晴らしい知的資産を無償公開すると、世界中の知的リソースがその周囲に結び付く」というオープンソースの本質から強く影響された「オープンソース現象」の一つだ。構想自身は二〇〇一年四月に発表され、パイロット・プログラムが二〇〇二年九月から動き出し、二〇〇〇科目すべての公開が二〇〇七年に完成する予定。科目ごとに、講義摘要、必読書、講義で使うスライド、講義メモ、課題、試験と解答、科目によっては講義を録画した映像や学問の概念を解説する動画像までが無償公開される。つまり世界中の誰もがインターネットへのアクセスさえあれば、この教材を駆使して自由に好きなだけ勉強できるという構想だった。

MIT学部生の授業料は、年間約四万ドルとものすごく高い。この高額授業料の価値は、教授・教官と学生、あるいは学生同士の、つまり人と人との間のやり取りにこそあるのだから、教材コンテンツ自身は世界に広く公開するという理論武装に基づいていた。MIT

は「世界全体の学習の質の向上、ひいては世界全体の生活の質の向上のため」と説明し、ヒューレット財団とメロン財団が資金面でバックアップした。

パイロット・プログラムが動き出したとき、このプロジェクトは熱狂的支持を集めた。「MITの教育が世界の高等教育におけるプラットホームとなるのではないか」「オープンコースウェアの構想者にノーベル賞を与えるべきだ」などという声まであがった。しかし二〇〇五年末現在、「オープンコースウェア」自身の「勢い」は、構想時点に比べて明らかに落ちた。既に二〇〇〇科目の半分以上が公開されているにもかかわらず、毎日のアクセスは二万人程度と少ない。

思想はオープンソースに影響されていたとはいえ、このプロジェクトは、心から参加したいと思う人たちだけが集まって協同作業が始まるオープンソース・プロジェクトとは全く異なっていた。既存組織内で閉じていた情報を組織全体の関与によってオープンにしていくという試みだったし、オープン化という施策自身が大学事業自身を脅かす可能性を秘め、教科書を書いて稼ぎたい教授たちの利益に反する一面もあった。だから二〇〇〇科目の関係者すべてが、前向きにこのプロジェクトに賛同していたわけではなかった。大学の方針だから嫌々参加し、最低限の情報開示以上には積極的に参加しない教授も多かった。難しさがこれだけ重なっていたプロジェクトだった。

プロジェクト推進担当者も大学官僚で「何年度までに何科目公開」というような無味乾燥なゴールを粛々と守ればいいという方向に流れた。「何としてもその情報を世界中の必要とする人たちと共有するのだ、そのためには日々徹底的に改善し続けていく、結果として大学という組織の姿が大きく変わっていったって構わない」という意志に基づき難しさに挑戦する狂気のような情熱は存在しなかったのだ。

プロジェクト開始時から「講義内容だけが公開されても、世界の片隅にいて、たった一人黙々とネットに向かって独学するのは難しい。だから科目ごとの学習コミュニティをネット上に無数発生させることが重要」という指摘があったが、積極的な手は打たれていない。要望の多かったビデオ教材の充実も全く中途半端のままである。

かくしてMIT「オープンコースウェア」は、「学びたい世界中の人たちへのプラットフォーム」を作ろうという開始時の熱狂からはほど遠く、「教えたい世界中の教員が参考にし、情報交換するためのサイト」という穏便な位置づけに換骨奪胎されていった。

†著作権問題が平行線をたどる理由

オープンソースは確かに不思議な魅力を秘めているが、それを苦々しく思う人たちも多数存在する。

たとえばソフトウェア産業のメッカ、シリコンバレーでも、オープンソースの台頭に対し、「じゃあ、俺たちはプロのプログラマーとしてどうやって住宅ローンを支払っていけばいいんだよ。いちばん難しくて面白いプロの仕事を無償でやって、生計を立てるためにはやさしいけどつまらない仕事をこなして稼げとでも言うのか」みたいな話は今も出続けている。教科書の著作権保有者である教授たちも、MIT「オープンコースウェア」における抵抗勢力であった。

第三章で、アマゾンのフルテキストサーチ・サービスや、グーグルが世界中の図書館の本を全部検索できるようにしてしまおうと企む「グーグル・ブックサーチ」プロジェクトを紹介したが、これらも広義の「オープンソース現象」と言える。ロングテールの議論の一環で、積極推進はロングテール派、絶対反対は「恐竜の首」派で、両派の軋轢が大きくなるばかりだと述べた。

二〇〇五年一〇月二一日、朝日新聞は「ネット図書館、著作権を侵害」という記事でこう報じた。

「インターネット検索大手グーグルが運営する図書館の蔵書の内容をオンラインで検索できる「バーチャル図書館」は、作家の著作権を侵害するとして、米出版大手マグロウヒルなど五社が一九日、図書の電子画像をネット上で公開することの差し止めを求めてニューヨークの連邦地裁に提訴した。出版社を代表する米出版社協会（AAP）によると、著作権をめぐりグーグル側と続けてきた交渉が物別れに終わったため、提訴に踏み切った。（共同）」

米出版社協会側は「グーグルは、著者や出版社の財産にただ乗りして金もうけを企図しているにすぎない」と非難しているが、グーグルはその考え方に真っ向から反論する。「グーグル・ブックサーチ」は本を探す（サーチする）ため、つまり人々が「情報を見つけるために存在する。情報の存在を見つけてネット立ち読みができれば、売れない本が売れるようになるケースも多く、著作権者にも利するサービスなのだと。書籍の内容をすべてスキャンして検索可能状態に持っていくことは著作権法の公正使用の範囲で、著作権の理念に反せず、著作権侵害にはあたらないという立場を、グーグルは貫いている。

しかしもっと本質的には、将来はグーグルの検索エンジンですべての人が「情報を見つける」ようになるはずなので、「検索エンジンに引っかかってこない情報はこの世に存在しないのと同じですよ」と、グーグルは著者や出版社を脅かしているわけだ。両者は、完全に平行線をたどっている。

著作権についての論争がヒートアップしやすいのは、議論の当事者が、著作権に鈍感な人と著作権に極めて敏感な人とに別れていて、その間に深い溝があるからだ。そしてその溝は、「その人たちが何によって生計を立てているか」「これから何によって生計を立てたいと考えているか」の違いによって生まれている場合が多い。

加えて「総表現社会の到来」とは、著作権に鈍感な人の大量新規参入（ブログの書き手やグーグルのようなサービス提供者の両方）を意味する。新規参入者の大半は、表現それ自身によって生計を立てる気がない。別に正業を持っていて、表現もする書き手などはそういう範疇に入る。そして総表現社会のサービス提供者とは、「表現そのものの製作によってではなく、表現されたコンテンツの加工・整理・配信を事業化する」人たちで、既存の著作権の仕組みを拡大解釈するか、新しい時代に合わせて改善すべきだと考える。Web 2.0 はそういう方向性を技術面からさらに後押しするものだ。

著作権をめぐるさまざまな議論が、感情的かつ平行線をたどりやすい真因はここにある。

†「狂気の継続」を阻むリアル世界のコスト構造の壁

ソフトウェア世界の純粋なオープンソースと違って、リアル世界が関わってくる「オープンソース現象」の発展が難しい理由の第一は、これまで述べてきたように、著作権問題に代表される「既存の社会の仕組みとの軋轢」である。そして第二の理由は、リアル世界で「オープンソース現象」を起こそうとした場合、ネット上と違って何をやろうにもコストがかかることである。

具体例としてブッククロッシング(*4)について考えよう。

ブッククロッシングとは、読み終えた本をカフェや駅などの公共空間に放置し、その本を偶然手にした人に読んでもらい、世界中を勝手に無償の図書館にしてしまおうという活動であり、これも広義の「オープンソース現象」と言える。二〇〇一年に米国で始まり、会員数は四〇万人を超え、登録書籍数は三〇〇万冊に近づこうとしており、英国の公共放送BBCも最近支援を始めた。

システムの仕組みは、(1)まずブッククロッシングの会員になる(無料)、(2)同サイトでステッカーを入手し本に貼って公共空間に放置する、(3)本につけられたID番号ごとの情報を同サイトで管理する、つまりID番号をたよりに、その本をどんな人が読みどんな感想を持ったか、その本がどの場所を旅してきたかなどの記録を追跡できるかもしれない、というものだ。二〇〇五年五月八日、産経新聞が「米国発　広がる「ブッククロッシング」」という記事でこの活動を紹介した。

「このシステムを発案したのは、米国ミズーリ州カンザスシティーで、ソフトウェア開発会社を経営するロン・ホーンベイカーさんと妻の香織さん。街中を図書館にしてしまおうというアイデアは、二〇〇一年三月、自宅の本棚から生まれた。「私たちは読書が趣味なのですが、本棚でほこりだらけになっている本を見て、かわいそうになってしまいました。本たちを自由にしてやれば、いろんな人に出合えるだろうと……」と香織さん。(中略)「たくさんの人に本を読んでもらい、他人と本を譲りあってもらいたい。世界が一つの大きな図書館になれば」という香織さんたちの活動に賛同する読書家は多く……」

むろん放置された本を、ブッククロッシングの仕組みなど知らない人が持っていってしまったり、誰かが捨ててしまえばそれで終わりだが、この営みが世界中に知られていけば「世界が一つの大きな図書館に」なるという発想である。

しかし、すべてがネット空間で起こるオープンソースと比べ、リアル世界での「本の共有」をネットがサポートするというこの仕組みが、燎原の火の如く世界を覆う波になるかといえば、そんな予感はない。「グーグル・ブックサーチ」に対しては圧倒的危機感を持って、構想段階で訴訟を起こした米出版社協会も、ブッククロッシングの活動に「そんなことをされたら本が売れなくなってしまう」と本気で目くじらを立てたりしない。こうしたリアル世界での活動は、「リアル世界ならではの物理的制約」に縛られ、その解決には必ず某かのコストがかかるために、いくら普及・発展するとしても、だいたい想像できる範囲のスピード感とスケール感でしか物事が動いていかないからだ。

一方、リアル世界が介在しないネット空間は全く違う。ネット上での情報の複製コストはゼロで、伝播速度は無限大だ。本を置くための物理的スペースといった制約もない。無料のサービスであれば、信じられないほどのスピードで数百万人、数千万人単位の行為が連鎖する。すべては、ネット空間が「コストゼロ空間」であるゆえだ。

ＭＩＴ「オープンコースウェア」にしてもこのブックロッシングにしても、リアル世界が関わる「オープンソース現象」を真に大きなうねりとしていくためには、「既存の社会の仕組みとの軋轢」と戦い続けるという強い意志だけでなく、「コスト構造の壁」を乗り越えるための資金調達能力とマネジメント能力が不可欠となる。

狂気と理性の共存が絶対となれば、難しさの桁が一つ上がってしまう。コレラ治療薬を例に見た医療・製薬分野の「オープンソース現象」だって、アイデアを出し合い解決策に至るまではネット空間だけでできるが、その成果を本当にリアル世界に応用する段になれば、全く同じ難題に直面する。

しかし「コストゼロ空間」たるネット空間では、誰かがやすやすとその難しさを越えてしまうことがある。そんなとき「既存の社会の仕組みとの軋轢」は、必然的に大きくなるのである。

2　ネットで信頼に足る百科事典は作れるか

†ウィキペディアの達成

ウィキペディア（＊5）（wikipedia）とは、ネット上の誰もが自由に編集に参加できる百科事典である。どの項目に対してであれ、本当に自由に、誰でも加筆修正ができる。何の資格もいらない。今思い立てば、あなたもすぐに百科事典の執筆に参加できる。ひょっとしたら大学の先生が書いたかもしれないある項目の解説に対して、あなたが勝手に加筆・修正・削除することができる。でもあなたが書いたものが、わずか数分後に、見ず知らずの誰かに加筆・修正・削除されてしまうかもしれない。

百科事典といえば、権威ある学者や専門家を集め、博識の編集者が指揮をとって作るのが常識である。むろん莫大なコストがかかるリアル世界のプロジェクトだった。ウィキペディアとは、この常識を覆すいい加減さの「誰でも参加型の百科事典」で、「コストゼロ空間」たる純粋なネット空間で起きている「オープンソース現象」の一つだ。いくつか例を出したリアル世界が関わる「オープンソース現象」とは比較にならぬほどの勢いを持つプロジェクトである。

ウィキペディア・プロジェクトは、二〇〇一年一月にスタートしたのでわずか五年の歴史しかない。しかし『エンサイクロペディア・ブリタニカ』の項目数六万五〇〇〇程度に対し、その一〇倍以上の八七万項目（英語）にも及ぶ百科事典が既にできあがり、日々ネット上で進化を続けている。二〇〇にも及ぶ言語ごとに百科事典が作られ始めており、日本版も一六万項目以上に揃ってきた（二〇〇五年末時点）。

私は、日本のメディア企業の幹部から講演を頼まれると必ず、このウィキペディアのデモをすることにしている。ウィキペディア日本版のそのメディア企業の項目に何が書かれているかを、幹部皆に見てもらう。「こんなものがネット上で増殖しているのかぁ」と感心する人もいれば、怒り出す人もいる。大概の質問は、誰が何の資格でこれを書いているのかということと、間違いも一部にあるから信用できないじゃないか、というところに落ち着く。そこで私は、幹部たちにどこが間違っているのかを聞き、講演会場からリアルタイムでこの項目に修正を入れてしまう。

「今ここで加筆修正している私は、ウィキペディアから見れば誰かはわかりません。ウィキペディアは、今の私を含む不特定多数無限大の人々の行為を集積することで、この百科事典を作り出す場になっているわけで、厳密に言えば、今日のウィキペディアと明日のウィキペディアは違う。日々、進化を続けているわけです」
と話すわけだが、自らが権威であるメディア企業の幹部の大多数は不快感を隠そうとしない。

†ウィキペディアは信頼に足るのか

こんな仕組みで出来上がっているウィキペディアは信頼に足るのか。「百科事典には絶対に一つの誤りもあってはいけない」「百科事典の各項目は、リアル世界で権威と認められた人によって書かれなければならない」というルールを適用するならば、信頼に足るわけがない。しかし果たして、それだけを物差しにしてウィキペディアを斬って捨てるのが正しいのか。間口を広げて不特定多数の知を集約し、清濁を併せ呑みながら進化を続けるウィキペディアという存在は、世界の混沌を映す鏡のようなものでもあり、実に興味深い存在である。

ITに批判的な論客として知られる『ITにお金を使うのは、もうおやめなさい』（ニコラス・G・カー著。邦訳はランダムハウス講談社刊、二〇〇五年）の著者ニコラス・カーは、二〇〇五年一〇月三日の自身のブログ「Web 2.0の不道徳」[＊6]の中で、ウィキペディアをこう批判した。

「理論的に、ウィキペディアは「美しいもの」だ。もしウェブが私たちをより高い意識に導くものだと仮定するならばなおのこと、「美しいもの」でなければならない。でも現実にはウィキペディアはそんなにいいものではない。たしかに役には立つ。ある項目のことをちょっと知りたいと思うときには、よくお世話になる。でも書かれた事実を信頼はできない。しばしばひどい文章にもぶつかる。私はウィキペディアを唯一の情報源として信頼しない。学生が論文を書くときに情報源として使うことを私は薦めない。」

そしてカーは、ジェーン・フォンダの項目（二〇〇五年一〇月三日現在のものであることに注意。その後加筆修正されているから）を引用してそのひどさを読者に示し、

「これは、ダメだというよりも最低と言ったほうがいい。そして、不幸なことに、これはウィキペディアの大半における品質の悪さを代表するものだ。この項目（集合知の成果）が数カ月で出来たものではないということを覚えておいてほしい。何千もの勤勉な貢献者たちによって五年以上もかけて行われた仕事なのだ。そろそろ、集合知とやらがいつ頃本当に姿を現すのかと問う時期に来ているのではないか。いつになったら偉大なウィキペディアはよくなるの？　それとも「よい」という概念自身が古臭くて、ウィキペディアのような新現象にはあてはまらないのだろうか？

Web 2.0の主唱者たちは、アマチュアを崇拝し、プロフェッショナルに不信を抱く。ウ

ィキペディアへの真の礼賛の背後にそういう思想がある。オープンソースやあまたの民主主義的な創造性発揮例への賛美の背後にそういう思想が見えるのだ。」

皮肉たっぷりのカー独特の文章だが、これを読んで溜飲を下げる読者も多いのではないだろうか。それは、本書で詳述するウェブ進化の今後の方向性に対して多くの人々が抱く違和感を、カーが見事に言葉にしているからである。これも著作権を巡る論争と同様、平行線をたどりやすい。そしてその議論の対立を際立たせる土俵として、ウィキペディアは実にわかりやすい場を提供しているのだ。ウィキペディアの存在感が増すに比例し、誹謗中傷や自己宣伝の書き込みをどう防ぐかといった、より深刻な課題もこれから次々と持ち上がってくることだろう。不特定多数を巻き込むオープンさをできる限り保ちつつ、何をどう制限していくかについてギリギリの試行錯誤が今後も長く続いていくものと考えられる。

†ウィキペディアを巡る二つの実験

欧米ではウィキペディアを興味深い調査・研究対象だと思う人たちが多い。英ネイチャー誌は、ウィキペディアとブリタニカの科学分野の内容を調査・分析し、全体としてみれば、両者の正確さや信頼性は同程度である（ウィキペディアの誤りは喧伝されているよりも少ないし、ブリタニカにも同程度の誤りが紛れ込んでいる）と発表した。またIBMのワトソン研究所でも、ウィキペディアの各項目が、時を経てどんなふうに進化しているかの研究が行われていたりする。ここではウィキペディアを巡る面白い実験を二つ紹介したい。二つの実験のテーマはともに「信頼」である。

そもそもリナックスのようなオープンソース・プロジェクトの場合、参加は自由だが、素人がコードを書いたからといって、すぐにそれが採用されてリナックスに組み込まれるわけではない。プロジェクト創始者のリーナス・トーバルズを中心としたリーダーたちが、不特定多数から送られてくる無数のコードから信頼に足るものを選びリナックスに組み込んでいく。そういう仕組みが長い間かけて出来上がってきた。しかし、ウィキペディアはそのような入り口での審査はない。基本的には、誰もがいきなり既存項目への加筆修正や新項目の追加ができる。だから参加者の敷居が低く、プロジェクトの活性度が上がり、項目増殖スピードが速くなる一方、信頼性が常に問題になる。それがウィキペディアにおけるトレードオフである。ウィキペディアは今、入り口での審査はしないけれど、常に何が書き込まれたかをウォッチして信頼性を担保しようとしているボランティアが一〇〇〇人から二〇〇〇人という規模でネット上に存在する。しかしそれ以上に、ネット上の自浄作用に期待しているところが大きい。

カーのような論陣をウィキペディアに対して張った人々はこれまでにも数限りなくいる。数十万項目から気に入らない項目を選んで「これはひどいものだ」と言うのは誰にでもできるからだ。

第一の実験とは「ウィキペディアに誤りをわざと書き込んだら、ちゃんと修正されるか、修正される場合にはどのくらいのスピードで修正されるか」という常時多くの人によって行われている実験で、その結果がときどきネット上で報告される。

「重要な項目に対して、一三個、誤りを書き込んだけれど、すべて数時間のうちに見つけられて修正された」とか「あまり注目されないマイナーな項目に紛れ込ませた誤りは、五日間経過しても全く気づかれず修正もされなかった」とか。項目の注目度や誤りの質によって報告結果は千差万別である。ネット上で不特定多数を巻き込んで作るうねりにおいて「完璧」を目指すことはできないから、ウィキペディアが目指すのは「そこそこ」の信頼性で「完璧」ではない。これからもずっと、「コストゼロ」で「そこそこ」の信頼性で進化を続ける百科事典を「グッド・イナフ」(そのくらいで十分)と考える人と考えない人がいるだろう。問題は、その比率がどう動いていくかにある。

第二の実験とは、米エスクワイア誌のA・J・ジェイコブズ(『驚異の百科事典男』[文春文庫]の著者)が二〇〇五年九月に行った実験である。ウィキペディアについての記事を書く上で、ウィキペディア・コミュニティの編集能力や校閲能力や推敲能力に完全に依存してみようという実験だ。ジェイコブズは、スペルミスや事実誤認に溢れたウィキペディアについての七〇九語からなる文章をまず書き、ウィキペディア上にアップした。そしてその文章を勝手に修正し、最後はエスクワイア誌の記事らしい文章に仕上げることを、ウィキペディア・コミュニティに求めた。CNETがこの実験について報じた記事(*7)によれば、最初の二四時間で二二四回、次の二四時間で一四九回の編集が行われた。すべての事実誤認が瞬く間に修正された後は、文章を練り上げて明晰で読みやすい記事に仕上げる推敲作業に重点が移り、七七一語からなる記事にまとまってエスクワイア誌に掲載された。

むろんこれはあくまでも「お祭り」であって日常ではない。これほどのエネルギーが、ウィキペディアの全項目に対して常時注がれているわけではないが、不特定多数無限大の知の集積の可能性の一端を示す興味深い実験であるということはできるだろう。

3 Wisdom of Crowds

†「全体」を意識せずに「個」の価値を集積

ところで、リナックスとウィキペディアに共通するのは、まずリナックスなりウィキペディアという誰かが用意した大きな「全体」という場があって、そこに「個」がボランティア的に参加することで「全体」が発展していく枠組みであることだ。

しかし本来とても私的な営みである知的生産活動は、常に「全体」という場への貢献を意識して行われるわけではない。だから、「全体」をあまり意識せずに行う「個」の知的生産活動の成果を集積し、そこから自動的に「全体」として価値を創出することができれば、可能性はさらに大きく広がるはずである。

個が意識すべきことは、知的生産活動の成果や途中経過をネットの「こちら側」ではなく「あちら側」に置いて、自分だけでなくネット上の誰もが共有して利用できるようオープンにすることだけ。それで「全体」に何を起こし得るかの可能性を考えてみよう。

グーグルの検索エンジンの仕組みがその好例だ。グーグルはネット上の無数のサイトに張られたリンクを分析して、世界中のサイトの価値を計算する。分析のもとになっているリンクは、不特定多数無限大の人々が勝手に自分のために張ったもの。「リンクを張る」という無数の個の行為が、自然に「あちら側にオープン」になっていたから、グーグルはそれらをすべて集積して計算することができた。検索エンジンという「全体」を意識せずに行う「リンクを張る」という「個」の行為を集積して、検索エンジンという「全体」の価値が創造されたわけだ。

前章では、これから大きなブレークスルーが期待される領域として「自動秩序形成システム」が重要だと指摘した。「全体」など全く意識せずに行う「個」のネット上での営みをうまく集積すれば、自動的に「秩序形成」という価値を創出できるのではないか。この発想はブレークスルーを生む上でとても筋のよい考え方である。

むろんウィキペディアのような「全体」先にありきの空間でもそれが十分巨大になれば、そのウィキペディア空間の中で、「全体」を意識せずに行う「個」の営みを集積して自動秩序を作ることもできるだろう。「個」と「全体」のどちらが先でもいいのだが、「個」が「全体」のためにワークすると同時に「全体」が「個」のためにワークする仕組みがうまく循環することで、「自動秩序形成システム」が生みだされていく可能性は大きい。

†ソーシャル・ブックマーク、フォークソノミー

「全体」を意識せずに行う「個」の行為を集積して価値に変える探求は、まだまだ始まったばかりである。発展途上の試行錯誤として三つの事例を題材にしたい。

一つ目がソーシャル・ブックマークである。ネット上のサイトで面白いものに出会ったときには、あとでまたそこを訪れたいと思う。サイト単位でよければ、それをブラウザの「お気に入り」に登録するのが普通だ。では記事単位ならどうするのがいちばんいいか。それに対する解決策がソーシャル・ブックマークである。

ソーシャル・ブックマークは、対象となる記事に印（ブックマーク）をつけて、簡単なコメントやキーワードを付して「ネットのあちら側」に置くもの。「面白いものを選び、簡単にコメント等を付す」のが「ブックマークする」という行為で、それは「個」が自分のために行い「あちら側にオープン」にしておくところがミソだ。

グーグルの検索エンジンにおける「リンクを張る」にあたる行為が、この場合の「ブックマークする」である。では「ブックマークする」という無数の個の行為を集積したら「全体」としてどんな価値が創出できるのだろうか。

たとえば無数の「個」が、時々刻々と面白いと思った記事にブックマークすれば、記事ごとに注目度のスピード感が計算できる。その計算結果に応じ、世の中「全体」の「注目記事」ランキングを自動的に導き出すことができるはずだ。リアル世界の雑誌編集部によって作られる「雑誌の中刷り広告」とは、人々の反響が大きそうな記事ほど大きな字で表記されたものだ。そんなものがリアルタイムで自動生成され続けるイメージに近い。まさにコンテンツの自動秩序形成と言える。今はまだ「個」の数が少ない上に偏りがあって、ブックマークの分析によってネット「全体」の変化や人気動向を理解できる段階には至っていないが、「個」の数が増えて分布性能が上がるにつれ、そんな「全体」としての価値も高まっていくだろう。

二つ目の事例がフォークソノミーである。フォークソノミーとは「フォーク」(folks: 人々)と「タクソノミー」(taxonomy：分類学)を合わせた造語で「皆で分類する」の意である。

ある情報をカテゴリー分類するのは難しい。ましてやネット上のコンテンツを分類し尽くすなんてことを考えれば、どうしていいかわからない。一つの記事には色々な側面があるから、その記事をどんな角度からでも探せるようカテゴリーをつけてやろうなどと完璧志向に考えると、それだけで大変な作業になってしまう。自己増殖する無数のコンテンツを分類し尽くすなんて、普通に考えればできっこない。

でも「個」の行為を集積すればそれができる。たとえばある記事をブックマークするときに、「個」がそれぞれ勝手に思いついたタグをつける。ネット全体の分類なんて大仰な「全体」を「個」は意識する必要はなく、自分のために、思いついたタグをつけるだけでいい。そして「個」の「タグ付け」という行為をすべて集めるのだ。無数の「個」が関与するようになれば、「個」の関心領域は広がりを持つから、対象記事も自然に幅広くなる。しかもそれぞれの記事には、「個」が思いついたタグの多様性の分だけさまざまな角度から付されたタグ集ができる。こうしてネット上のコンテンツが、ソーシャル・ブックマークとフォークソノミーによって自動分類され、「全体」として大きな価値を生む可能性がある。

†ソーシャル・ネットワーキングと人々の評価という「全体」

第三の事例は、情報を対象にするのではなく、人そのものを対象とするソーシャル・ネットワーキングである。ソーシャル・ネットワーキングとは、紹介者のいる会員だけに絞り、名前や経歴などの個人情報を明かし（むろん匿名の場合もある）、会員同士が知人・友人の連鎖を登録し、そのつながりをうまく活用しながら交流するネット上のコミュニティのことである。二〇〇三年末頃から米国で話題になったサービスで、日本でも二〇〇五年に、ｍｉｘｉ（ミクシィ）が会員二〇〇万人を、ＧＲＥＥ（グリー）が会員二五万人をそれぞれ突破し、若い世代を中心に普及に加速がついている。

このサービスは会員制という性格上、完全には「あちら側でオープン」にはなっていない。しかし、巨大コミュニティ内で行う「個」の行為の集積を、ソーシャル・ネットワーキングのサービス提供者は「全体」としての価値に転化できる可能性を秘めている。

サービス提供者が「個」に対して「あちら側」での利便性を提供する。「個」がその利便性を享受するために、色々な情報を「あちら側でオープン」にしていく。「個」が「あちら側でオープン」にした情報をサービス提供者が集積し「全体」としての新たな価値を創出する。これが、Web 2.0 時代のサービスの構造である。

しかし今のところｍｉｘｉやＧＲＥＥは、「個」に対する利便性を提供することでサイト上のトラフィックを増やし、「そのトラフィック目当てのスポンサーに広告を売る」という九〇年代（Web 1.0）的なビジネスモデルにとどまっている。

このソーシャル・ネットワーキングを題材に、「個」から「全体」としての価値創出について思考実験してみよう。

六次の隔たり（6 Degrees of Separation）という有名なアイデアがある。「地球上の任意の二人を選んだとき、その二人は、六人以内の人間関係（知己）で必ず結ばれている」というもの。このアイデアに関連した実験や研究もあれこれと行われており、その解釈もいろいろである。しかし、見知らぬ地球上の誰かと自分の関係を想像し「なるほど世間は狭いと昔から言うものなぁ、六人（それが七人でも別に大差ない）くらいを介せば確かに誰とでもつながるだろうな」というアイデアは、それなりの納得感があって楽しい。ソーシャル・ネットワーキングとは「世界中のすべての人々が互いにどういう六、七人の知己関係の連鎖でつながっているか」という「巨大な人間関係マップ」を構築する過程にあると考えることもできる。

では、そのマップからどんな価値が抽出できるのか。グーグルは「ウェブサイトのリンク関係についての巨大なマップ」を構築し、そのマップに「言葉の組み合わせ」という入力を与えると「検索結果ランキング」という出力を返すシステムを構築した。ソーシャル・ネットワーキングが「巨大な人間関係マップ」を構築しているのだとすれば、そこに何を入力して何を出力させる仕組みを構想すればいいのか。

そう考えて入力と出力を発想してみれば、「何かを知りたいと思ったら誰に聞けばいいか」「何かをやりたいと思ったら誰を雇えばいいか」「誰かに会いたいと思ったら誰に仲介を頼めばいいか」……。巨大マップの存在を前提すると、入力は目的で出力は「人のランキング」になるのが自然だ。むろん相手が情報ではなく生身の人間なので順位付けすることへの抵抗感はあるし、検索エンジンより技術的に難しいから、こうした仕組みが実現されるかどうかはわからない。しかしソーシャル・ネットワーキングは、「人々をテーマごと、局面ごとに評価する」という「人間検索エンジン」とも言うべき仕組みへと発展する可能性を内在しているのである。

†米大統領選結果を正確にあてた予測市場

ところで考えてみれば、市場メカニズムとは、無数の「個」が自分のために行う行為を「全体」として集積するものである。その市場メカニズムを用いてネット上で未来予測ができれば、リアル世界では絶対成立し得ない「第一法則：神の視点からの世界理解」をさらに推し進めるための一要素となるではないか。もともと市場メカニズムには、不確実な将来事象の期待値を現時点の価格に置き換える機能が内包されている。事実、市場の動向はものごとの将来をよく言い当てる。ならば、ありとあらゆる未来の重要テーマについてネット上で人工市場を作ればいいじゃないか。これが予測市場の考え方である。

予測市場とは、実験経済学の分野で三〇年以上の歴史を持つ、コンピュータを使った人工市場の研究の流れが、インターネットという大潮流と合流し、にわかに脚光を浴び始めた興味深い領域である。予測市場では、予測対象の結果（大統領選の結果、アカデミー賞受賞者は誰か……）に連動して価値が決定される仮想証券とそれらが取引される市場を用意する。「正しい予測をする」というインセンティブを持つ参加者が、その市場で自由に仮想証券の取引を行うのである。

米アイオワ大学が研究目的・非営利で運営する「アイオワ電子市場(*8)」が、この予測市場の分野では最先端をいっており、「ブッシュ対ケリー」の二〇〇四年米大統領選結果をピタリと当てたことで話題となった。賭博行為とみなされるため、予測市場の試みの大半は仮想通貨で取引が行われるが、「アイオワ電子市場」は研究目的として米当局から特別のお墨付きを得て、額は小さいが現実通貨で取引が行われている（ただ、仮想通貨を用いる場合と現実通貨を用いる場合で予測結果に有意な差は出ないとする研究もある）。

アイオワ電子市場の「二〇〇四年米大統領選先物市場」は二〇〇三年二月二一日からオープンした。予測先物は、各候補の大統領選での得票率がそのまま価格となる。得票率が五三％なら価格は五三セントだ。取引の過程では、各候補の仮想証券の価格は最終得票率の期待値である。この先物市場での取引が、大統領選結果判明の二〇〇四年一一月初旬まですっと行われ、ブッシュ僅差での勝利をかなり早い段階から正確に予測したのである。

むろん仮想証券は結果判明まで保有し続ける必要はなく、途中での売り抜けも自由だ。予測結果という「全体」への貢献など意識せず、ただ「個」として稼ぎたいデイトレーダーのような参加者も多数存在するし、裁定取引のみを行うプログラムも参加していた。ただこうした参加者も、市場の流動性を確保し、市場操縦者の目論見を打ち消す役割を果たしたという。日本での予測市場研究の第一人者、山口浩氏は自らのブログ「米大統領選市場をふりかえる」(＊9)でこう分析する。

「ブッシュ大統領の最終的な得票率は、五一・三％だった。（中略）しかしこの予測先物では、共和、民主の二党の得票のみをカウントする設計になっている。したがって、二党だけを考えた場合、ブッシュ大統領の得票率は、五一・五％となる。（中略）二〇〇四年一月からの平均価格は$〇・五二、標準偏差は$〇・〇一七だ。実際の得票率と平均価格との差は$〇・〇〇五であり、平均価格から一標準偏差の一／三も離れていない。投票日前日までの七日間の平均価格は$〇・五一二であり、さらに近い。しかし特筆すべきは、二〇〇四年初頭の段階ですでに、最終結果とほぼ変わらない$〇・五一〜〇・五二前後の値を示していることだ。この傾向は、多少のぶれはあるものの、今年を通じてほぼ一貫していた。（中略）今回の大統領選を通じて、予測市場は、世論調査や専門家の予測など、他の予測手段よりも優れたパフォーマンスを示した。この手法の有効性は、理論的にはある程度説明ができても、実際のところは結果で示すしかない部分がある。その意味で今回の結果は、予測市場の有効性を示した例として記憶されるべきだろう。」

山口氏によれば、予測市場への参加者層の偏りは理論上問題とならず、市場メカニズムがきちんと働けば、取引を繰り返すことによって参加者層のバイアスを自ら正していく自律的な力を有するという。第四章で述べた「総表現社会の三層構造」の二層目「総表現社会参加者層」の参加があれば、予測市場による未来予測は十分に機能する可能性が高いのである。

†「不特定多数は衆愚」で思考停止するな

「全体」という場が先にある場合とない場合に分けて、本章では不特定多数の「個」の行為を集積し「全体」の価値を創出する試みについて考えてきた。これからウェブ進化のイノベーションが最も過激に起こってくるのはこの領域である。

リナックス、グーグルの検索エンジンの仕組み、ウィキペディア、予測市場といった新しい事象から強い刺激を受け、米ニューヨーカー誌のコラムニスト、ジェームズ・スロウィッキーは二〇〇四年に『Wisdom of Crowds（群衆の叡知）』という本を書いた（邦題は『「みんなの意見」は案外正しい』、小高尚子訳、角川書店、二〇〇六年一月刊）。「適切な状況の下では、人々の集団こそが、世の中で最も優れた個人よりも優れた判断を下すことがある」というテーマを追求した刺激的な本である。

果たして世の中の誰が物事を「正しく判断する」能力を持つのか。誰がどのように重要な意思決定をすべきなのか。「個」を鍛え上げた優れた個人や専門家がその任に当たるべしという常識に、この本は挑戦する。「個」が十分に分散していて、しかも多様性と独立性が担保されているとき、そんな無数の「個」の意見を集約するシステムがうまくできれば、集団としての価値判断のほうが正しくなる可能性がある。そのとき、多様な意見の存在を意識的に肯定すべきで、参加者間でのコミュニケーションはほどほどの情報交換程度がよく、議論しすぎることで他者の影響、特に特定個人の強い影響を受けないほうがいい。リアル世界の多くの事例も渉猟した上で、スロウィッキーはこんな仮説を提示するのである。

しかし考えてみれば、ネット空間上の「個」とは、分散、多様性、独立性を巡るスロウィッキー仮説そのものだし、「無数の「個」の意見を集約するシステム」とは、これからネット上に盛んに作られていく仕組みそのものである。「次の一〇年」は、「群衆の叡知」というスロウィッキー仮説を巡ってネット上での試行錯誤が活発に行われる時代と言ってもいいのである。

ネットが悪や汚濁や危険に満ちた世界だからという理由でネットを忌避し、不特定多数の参加イコール衆愚だと考えて思考停止に陥ると、これから起きる新しい事象を眺める目が曇り、本質を見失うことになる。

日本だけでも数千万、世界全体で見れば数億から一〇億以上という不特定多数の厖大さ、それゆえの「数の論理」、それらを集約するためのテクノロジーの進化の加速やコスト低下、そういう諸々の要因を冷静に見つめ、「不特定多数の集約」という新しい「力の芽」

の成長を凝視し、その社会的な意味を、私たちは考えていかなければならないのだ。

不特定多数無限大の良質な部分にテクノロジーを組み合わせることで、その混沌をいい方向へ変えていけるはずという思想を、この「力の芽」は内包する。そしてその思想は、特に若い世代の共感をグローバルに集めている。思想の精神的支柱になっているのは、オプティミズムと果敢な行動主義である。

たしかにネット世界は混沌としていて危険もいっぱいだ。それは事実である。しかしそういう事実を前にして、どうすればいいのか。忌避と思考停止は何も生み出さないことを、私たちは肝に銘ずるべきなのである。

＊1　http://www.wired.com/wired/archive/11.11/opensource.html
＊2　http://naotakeblog.typepad.com/sottovoce/2003/10/open_source_eve.html
＊3　http://ocw.mit.edu/
＊4　http://www.bookcrossing.com/
＊5　http://en.wikipedia.org/wiki/Main_Page
＊6　http://www.roughtype.com/archives/2005/10/the_amorality_o.php

＊7　http://news.com.com/2100-1038_3-5885171.html

＊8　http://www.biz.uiowa.edu/iem/

＊9　http://www.h-yamaguchi.net/2004/11/post_31.html

第六章

ウェブ進化は
世代交代によって

1 インターネットの普及がもたらした学習の高速道路と大渋滞

†鮮烈な刺激を受けた羽生善治さんの「高速道路」論

将棋の羽生善治さんは、ただ将棋が強いという人ではなく、物事の本質を常に考えていて、それを言葉にする能力に優れた人である。だから彼と会うと、いつも新しい発見があり、議論が深くなる。羽生さんと私の専門・関心の接点に位置するテーマは、「ITやネットが将棋に及ぼす影響・変化」「ITの進化による社会構造や人間の役割の変化」であり、いつも議論はおのずからそのあたりに収斂していく。

「ITとネットの進化によって将棋の世界に起きた最大の変化は、将棋が強くなるための高速道路が一気に敷かれたということです。でも高速道路を走り抜けた先では大渋滞が起きています」

あるとき、羽生さんは簡潔にこう言った。聞いた瞬間、含蓄のある深い言葉だと思った。

将棋が強くなるために必要な情報、つまり定跡研究成果、棋譜データベース、終盤のパターン化や計算方法の考え方といった情報の整理は、この一〇年恐ろしいスピードで進んだ。そしてその整理された情報を、わずかなコストで誰もが共有できる時代になった。

さらに、最先端局面における最新情報など、過去から蓄積された情報に付加されるべき新しい意味が日々更新され、それらもやはり、ネットや携帯メールなどを介して瞬時に共有される。市販のコンピュータ将棋ソフトも「詰め将棋」に限っては人間の能力を超えつつあるから、ある局面に「詰み」があるかないかといった情報は、誰にも開かれるようになった。

ただこうした静的な情報を集めて記憶するだけでは「畳の上の水練」に過ぎず、あまり強くはならない。加えて大事なのは、強敵との実戦である。しかしその環境すらネット上に生まれた。三六五日二四時間・開きっぱなしのインターネット将棋道場「将棋倶楽部24」の会員は約二〇万人に及ぶ。誰もがこの道場には無料で参加でき、アマチュア強豪ばかりでなく、羽生さんを含むプロ棋士の多くが匿名で参加し、いつも将棋を指している。つまり誰でも強くなっていけば、棋界の最高峰とぶつかり稽古できる環境までがネット上に整備されたのである。

羽生さんはこうした新現象のすべてを総合して「将棋が強くなるための高速道路が一気に敷かれた」と表現する。そしてその高速道路に乗って将棋の勉強に没頭しさえすれば、昔と比べて圧倒的に速いスピードで、かなりのレベルまで強くなることができるようになった。そこが将棋の世界で起きているいちばん大きな変化なのだ、と羽生さんは言うわけだ。彼は一九七〇年生まれの三五歳。十代の修業時代はちょうど一九八〇年代にあたる。一九八〇年代といえば、ＩＴ化がそれ以前に比べれば少しは進んでいた時期だが、「今の若い人たちの将棋の勉強の仕方は、自分たちの頃のやり方と全く違う」というのが彼の認識である。そう言う羽生さんの脳裏には、子供たちが「整備された高速道路」を疾走してくるイメージがありありと浮かんでいる。

私は思わず、

「かなりのレベルまで強くなるって、どのくらいのレベルのことをおっしゃっているんですか？」

と質問した。羽生さんの答えは、

「奨励会の二段くらいまででしょうか」

だった。制度的には、奨励会は三段までで、四段からプロ棋士になる。ただ羽生さんの言う「奨励会の二段」の強さということを解釈すれば、アマチュアならほぼ最高峰の強さ、現実の制度としてはプロ棋士の一歩手前、弱いプロよりは実力的にかなり強い、そんなレベルの強さという意味である。そのレベルまで駆け上がる道具立ては、ＩＴとネットによって整備されたというわけだ。

では「高速道路を走りきった先での大渋滞」とは何なのか。

情報を重視した最も効率の良い、しかし同質の勉強の仕方でたどりつけるのは、プロの一歩手前までだ。ただ、そのあたりまで到達した者たち同士の競争となると、勝ったり負けたりの状態になり、そこを抜け出すのは難しい。一方、後ろからもさらに若い連中が同じ「高速道路」を駆け抜けて次から次へと追いついてくるから、自然と「大渋滞」が起きる。結果として若き一群は、前の世代の並のプロたちを抜き去るのだが、そうやって直面した「大渋滞」を抜け出すには全く別の要素が必要となってくると、羽生さんは直観する。そして次なる当然の問いは「大渋滞を抜けるためには何が必要なのか」であり、まさにこれこそが「人間の能力の深淵」に関わる難問であり、ここを考え抜くことが、次のブレークスルーにつながる。

ところで羽生さんが現役である間に、コンピュータ将棋は人間を超える可能性をはらむ。いずれやってくる「人間とコンピュータのギリギリの闘い」において人間が勝利するための条件と「高速道路を走りきったところでの大渋滞」を抜け出すための条件には、類似性があるように思えてならない。

「聴覚や触覚など人間ならではの感覚を総動員して、コンピュータ制御では絶対にできない加工をやってのける旋盤名人の技術のようなもの。それがどういうことなのかに、ものすごく興味があります」

羽生さんは言う。彼は、言語化不可能な世界にこそ、人間ならではの可能性を見出そうとしている。

†「大渋滞の時代」をどう生きるか

羽生さんの「高速道路」論は「ネットの本質」を実に鋭くえぐったものだ。この「高速道路の整備と大渋滞」は、ネットの普及に伴い、将棋以外のありとあらゆる世界で起きつつある現象である。

これでもかこれでもかと厖大な情報が日々ネット上に追加され、グーグルをはじめとする恐ろしいほどに洗練された新しい道具が、片っ端からその情報を整理していく。いったん誰かによって言語化されてしまった内容は、ネットを介して皆と共有される。よって後から来る世代がある分野を極めたいという意志さえ持てば、あたかも高速道路を疾走するかのように過去の叡知を吸収することができるようになった。これが「高速道路の整備」の意味である。

数学や物理学のような長い歴史を持つ学問の世界では、ネットの有無などとは関係なく

営々と「知の体系化」が行われてきた。一流の学者によって多くの教科書が書かれ、それが後進のための高速道路の役割を果たしてきた。しかし今、それとほぼ同じ意味のこと、つまり「学習のための高速道路」が、さまざまな分野で日々自動的に敷かれているのである。しかも、その道の権威が知を体系化して弟子に伝授するような閉鎖的なやり方ではなく、無数のプロフェッショナルが自らの知や経験をネット上に自由なフォーマットで公開するだけで、それらがすぐさま整理・体系化されていくという新しいやり方によってである。

「コンピュータのプログラムを書く」勉強を例に取ろう。本書でも繰り返し取り上げてきたソフトウェア世界のオープンソース化は、思わぬ副産物を生み落とした。もともとプログラマーが書いたプログラムそのものであるソースコードとは、開発した企業の企業秘密そのものであって門外不出の知であったわけだが、その閉鎖的な知だったソースコードが、オープンソース化によってインターネット上に溢れるようになった。その結果、世界最高峰のプログラマーが書いて世界中で利用されているプログラムのソースコードを、誰もが自由に読んで勉強することができるようになった。オープンソース化は、「プログラムを書く」ことを学ぶための高速道路を一気に整備してしまったのである。

さまざまな分野で「学習の高速道路」が敷かれつつあるゆえ、全体のレベルが上がって

いることは間違いない。しかし、多くの人が次から次へとあるレベルに到達する一方、世の中のニーズのレベルがそれに比例して上がらないとすれば、せっかく高速道路の終点まで走って得た能力が、どんどんコモディティ（日用品）化してしまう可能性もある。一気に高速道路の終点にたどりついたあとにどういう生き方をすべきなのか。特に若い世代は、そのことについて意識的でなければならない。

たとえば、「自分が進もうとしている世界に、もう高速道路が敷かれているのかいないのか」ということを最初から考え、あるいは高速道路で渋滞にさしかかったところで考え、高速道路が敷かれていない新しい世界に進むのも選択肢の一つだ。ＩＴやネットは、ありとあらゆる可能性を増幅する存在であり、誰もやっていない新しい世界の存在を探すこともより容易になった。いくらすべての情報が体系化されつつあると言っても、おそろしく層が薄い分野というのが発見できるのも事実である。異質なものを異質なものと組み合わせていけば、「個」にとってはさらに無限の可能性が広がる。

ネットは、古典的な分野での頂点に立つための高速道路整備を促進しただけでなく、自分だけの新しい世界を戦略的に探索していく生き方を支援する道具としても進化している。体系を極めるべく高速道路を疾走するもよし、高速道路を避けて独自の道を発見して歩んでいくもよし。いずれにせよ若い世代には、私たちの世代とは比較にならぬほどの可能性

が広がっているのだ。

2 不特定多数無限大への信頼

†十代の感動が産業秩序を覆す

ビル・ゲイツ。パーソナルコンピューティングの時代を切り拓いた天才は、一九五五年に生まれた。大学に入ってまもなく会社を興し、マイクロソフトは一九七五年に創業された。早いものでゲイツが五〇歳に、マイクロソフトも三〇歳になった。

コンピュータ産業には、これまでに二度「破壊的な技術」が登場して産業秩序を覆すということが起きた。十代のゲイツは、一九七〇年代前半の「パーソナルコンピューティングの息吹」という産業史上第一の「破壊的な技術」に感動した。当時のコンピュータは「高価な共有財産」だったから、いくら魅せられても、自由に好きなだけ使うなんてことは夢のまた夢だった。だから「コンピュータを私有して好きなだけ使うことができる」パーソナルコンピューティングの可能性に、ゲイツの世代は感動したのである。そしてその

十代の感動が、今日のマイクロソフトを生み出した。

私はゲイツよりも五歳年下である。しかし慶應義塾の一貫教育に育ったおかげで、中学に進んだ一九七三年から、大学の大型コンピュータ施設へのアクセスを許された。だからゲイツが大学に入る頃のコンピューティング環境がどんなものだったか、身体がよく覚えている。

プログラムを書くと、その一行ごとに紙カードを一枚作るのだ。放課後、紙カード穿孔機が二〇台くらい並ぶプレハブの穿孔機小屋に行って順番を待つ。紙カードの束を背負って地下室に降りていく。作ったプログラムをコンピュータに通してもらうために、大学生たちに混ざって順番を待つ。カードリーダーがプログラムを読み込む。大型プリンタの前で出力を待つ。結果がパタパタと印刷される。どきどきしながら読む。紙カードを作ったときのタイプミスがあれば、コンピュータは無情にもエラーメッセージしか出さない。そうなればまた穿孔機小屋に逆戻りだ。アルゴリズムに瑕疵があって無限ループ（永久に終わらないプログラム）なんか作ってしまえば、割り当てられた口座の予算が簡単に吹っ飛んでしまう。そんなふうに来る日も来る日も、穿孔機小屋と地下室のあいだを往復していた。いつも順番を待ってばかりいた。

「えっ、何？　コンピュータを家で持つことができるの？」

「それで、好きなときに好きなだけ、使うごとにお金なんてかからずにコンピュータが使えるの？」

当時、コンピュータに熱中した世界中の少年たちは、ゲイツと同じように、パーソナルコンピューティングという時代の息吹に感動したのである。大学院に進んで基礎を固めなければ何も始まらないバイオテクノロジー等と違って、コンピュータは独学が効く。だから今も昔も、少年たちはコンピュータにのめり込んでいく。

マイクロソフトが生まれて三〇年。その間に信じられないほど技術が進歩した。一九七〇年代の「共有財産としての大型コンピュータ」の何億倍、何十億倍という性能のコンピュータを、私たちは今一〇万円足らずで買うことができ、コンピュータを一人で何台も私有する時代になった。

グーグルの二人の創業者ラリー・ページとセルゲイ・ブリンが生まれたのは一九七三年である。マイクロソフトが創業されたときにはまだ二歳。彼らが中学に上がる頃といえば一九八〇年代半ば、もうパソコンが家庭に存在するのは当たり前になっていた時代である。水や空気の存在に誰も感動しないように、彼らは、ゲイツとは違って「コンピュータを私有できること」自身には感動しなかった。では彼らは何に感動したのか。

コンピュータ産業史上第二の「破壊的な技術」インターネットに、つまり、パソコンの

向こうに世界中の人々や情報という「無限の世界」が広がっている可能性に十代で出会って感動したのである。不特定多数無限大とも言うべき厖大な数の見ず知らずの人々がネットの向こうに存在することに。そしてその人々との間の相互作用を瞬時に空間を超えて行えることに。いつも世界とつながっていることに。世界中に蓄積・更新されている知のすべてにアクセスできる可能性に……。

十代で「コンピュータの私有」に感動したゲイツ世代は、インターネットの「こちら側」への拘《こだわ》りを今も捨てきれずにいる。しかし十代で「パソコンの向こうの無限の世界」に感動したページ／ブリンの世代は、インターネットの「あちら側」に全く新しい創造物を構築しつつある。まさに世代交代のときなのである。

†マイクロソフトとグーグル

「パソコンの向こうの無限の世界」に感動した世代で、最初にビル・ゲイツに戦いを挑んだのはネットスケープを創業したマーク・アンドリーセン（一九七一年生まれ）である。しかし当時まだ四十代前半で脂が乗り切っていたゲイツは、その持てる力のすべてを賭けてネットスケープを叩き潰した。そのやり方があまりにも徹底的だったため、米司法省がマイクロソフトを独禁法違反で提訴したほどであった。

しかしマイクロソフトがネットスケープを叩き潰すことができたのは「こちら側」対「こちら側」の戦い、つまりマイクロソフトの土俵での戦いだったからである。ネットスケープはマイクロソフト同様、ネットの「こちら側」のソフトウェアを主戦場としていた。ネットの「あちら側」に全く違う構築物を作って斬新なビジネスモデルを用意したグーグルとここが全く違う。

二〇〇四年一月頃、まだ未公開企業だったグーグルをマイクロソフトが約一兆円で買収するのではないかという噂が出た。噂の真偽はともかく、大抵の未公開企業は一兆円のにんじんをぶら下げられればすぐに買収オファーを受諾するものだ。しかしグーグルの二人の創業者にとって、「あちら側」のことを全くわかっていないビル・ゲイツにグーグルが買収されることなんか絶対に許せなかった。グーグルの経営に「こちら側」の論理は入れるわけにはいかない。彼らが絶対に譲れない一線がそこにあった。

その強固な意志によって「株式市場を通じたマイクロソフトによる経営介入や敵対的買収を防ぐためにはどうすべきか」の徹底的検討が行われ、最終的に「共同創業者二人が、一般の普通株に比べ強い議決権のある別種の普通株を保有し続ける」という異例の資本構造を、二〇〇四年八月の株式公開時に導入することになった。私は、資本構造という企業の根幹にあたる部分に「創業者が一般株主と違う種類の株式を持つ」固定的な枠組みを導

入して制度化してしまうべきではなかったと、今も考えている。しかし同時に、グーグルの創業者たちがマイクロソフトやビル・ゲイツに対して抱く「あちら側のことはあなた方には絶対にわからない」という気持ちもまた非常によく理解できた。

グーグルの時価総額は、マイクロソフトが「一兆円」と値踏みした八カ月後（株式公開時）に約三兆円となり、それから一四カ月後の二〇〇五年一〇月に一〇兆円を超えた。ちなみにマイクロソフトの時価総額はここ数年、三〇兆円前後で推移している。グーグルのCEOエリック・シュミットは日経新聞のインタビューに答え、マイクロソフトについてこう語った（二〇〇五年一〇月二六日朝刊）。

「彼らの姿はネットではまだ見えない。彼らが追ってきていることは知っている。だから技術革新のペースを落とさず人材を確保している」

さすがのビル・ゲイツも、ネットスケープのときのようにグーグルを叩き潰すことはできなかった。そしてこれからも難しかろう。「ゲイツも歳取ったなぁ」が、同世代の私の個人的感慨であるが、IT産業の重心がネットの「こちら側」から「あちら側」に移行し、競争のルールが全く違うものになることによって、ゲイツの世代的限界が露呈されたとも言えるのである。

†ウェブの進化と世代交代

「コンピュータの私有に感動した」世代と「パソコンの向こうの無限性に感動した」世代の決定的違いは何か。一つは、ネットの「こちら側」と「あちら側」の違いだ。これは主に技術と事業構造の違いだから、比較的わかりやすい。もう一つが「不特定多数無限大を信頼できるか否か」の違いである。これは心根の問題であるからわかりにくい。

本書で詳述したネット上での新事象群を理解するカギが「不特定多数無限大への信頼」である。その「信頼」の気持ちが著しく薄い人は、新事象に生理的嫌悪感を抱くことすらある。

「こちら側・あちら側」と「信頼の有無」で二軸を取れば、図の通り、四つの象限ができる。ちなみに「不特定多数無限大への信頼」という

ウェブ進化の方向

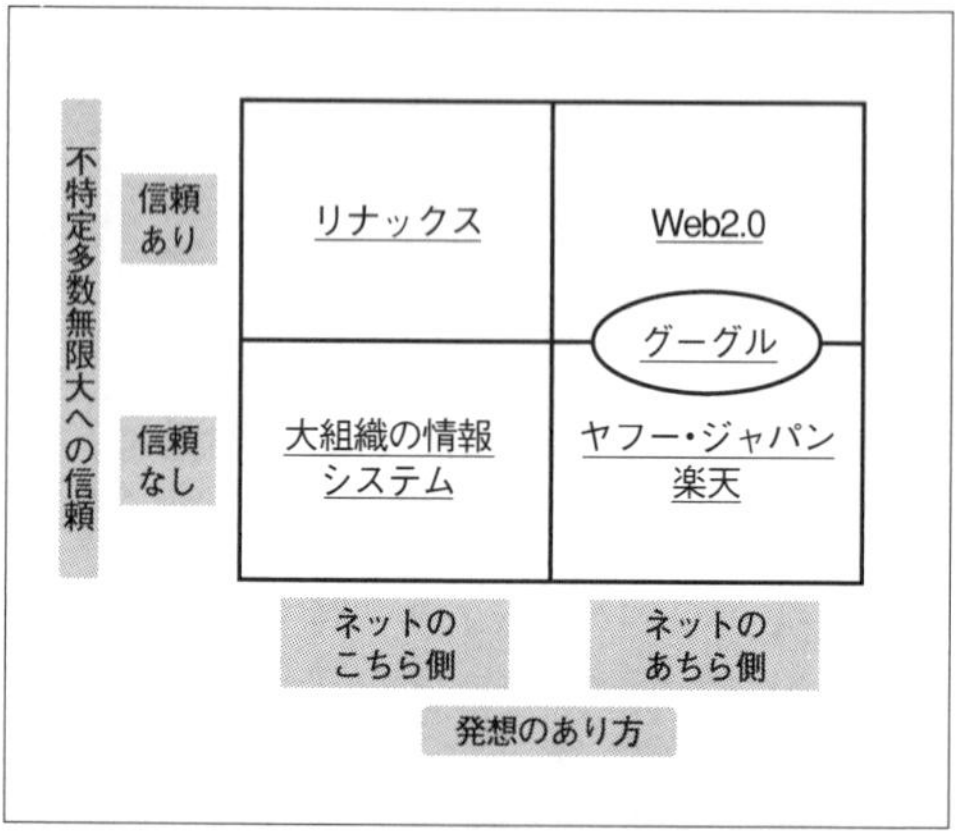

概念そのものが存在しない世界も「信頼なし」に分類することにしよう。

ＩＴ産業全体を眺めれば、一つ前の時代の慣性が大きいゆえ「こちら側・信頼なし」のボックスが市場規模という観点では圧倒的に大きく、特に大組織の情報システムの世界は、最後までこのボックスにとどまるであろう。「こちら側・信頼あり」のボックスの代表例はリナックスである。成果物は「こちら側」のソフトウェアだが、「不特定多数無限大への信頼」がオープンソースという開発プロセスの拠り所になっている。「あちら側・信頼なし」のボックスは、「あちら側」でのサービスを営みはするが、閉鎖的で何事においても「囲い込み」発想の強いネット事業者である。九〇年代的ネット事業とでも言おうか。日本で言えばヤフー・ジャパンと楽天がここに分類できる。

そして、これからのウェブの進化は、「あちら側・信頼あり」のボックスが牽引していく。Web 2.0 時代とは、突き詰めていけばそういうことである。本書で詳述したネット上の新事象群に世界中の若者たちが興奮するのは、ネット全体がこの方向に動けば、若い世代に新しいチャンスが巡ってくると直感しているからである。

ではグーグルはこの四象限のどこに置くべきか。「あちら側」は間違いないが、「不特定多数無限大への信頼」については微妙なところである。「あり」と「なし」の中間くらいに置くべきではないだろうか。そしてここにポジショニングできること自身が、グーグル

の現時点での圧倒的成功の要因であり、しかしそこが将来に向けての唯一の死角なのかもしれないと思う。

グーグルは、思想的に「不特定多数無限大を信頼する」という会社ではない。むしろ「ベスト・アンド・ブライテスト」を集めての才能至上主義的唯我独尊経営を志向する会社だ。公開後の異例の資本構造にしても本音のところでは、「自分たち（創業者）二人の長期的な経営への関与を構造的に保証することこそが、株主のためにもなる」「圧倒的にすぐれた俺達に任せて、何もわからんお前たちは黙ってろ、株を一〇年持ち続けていれば絶対に儲けさせてやるから、短期で株が下がってもガタガタ言うな」が、グーグルの株主に対する姿勢である。彼らの斬新な組織マネジメントも「才能を認め合った仲間うちだけでは完璧に情報を共有しよう」というもので、外部に対してはとても閉鎖的な会社だ。

むろんまだ「あちら側・信頼あり」のボックスでの圧倒的成功例は出ていない。しかし「次の一〇年」でこのボックスから、グーグルへの新しい挑戦者が登場することであろう。

ではそのもっと先はどうだろう。ビル・ゲイツが一九五五年生まれ、グーグルのラリー・ページとセルゲイ・ブリンが一九七三年生まれ。思考実験として、一八年周期で世代交代が起こるのだと仮定すれば、次に期待すべきは一九九一年生まれだということになる。一九九一年生まれといえば、今は中学二年生か三年生。これまでの世代交代はすべて米国で起きたが、次の世代交代は世界中のどこが起点になるか全くわからない。一九七〇年代は未だ発展途上にあった日本も、今や世界に冠たるブロードバンド大国、携帯大国だ。日本の少年少女たちは今、世界中で最も進んだＩＴインフラの中で日々呼吸している。物心ついたときから、インターネットや携帯電話の存在を空気のように感じて育った彼ら彼女らは、これからどんなことに感動し、その感動をもとに何を創造してくれるのだろうか。二〇一〇年代に、グーグルを凌駕するコンセプトと新技術を引っ提げたベンチャーが、日本から、今の日本の中学生たちから生まれる可能性は、歴史から考えても十分に「あり得る未来」なのである。

終　章

脱エスタブリッシュメントへの旅立ち

†「時間の使い方の優先順位」を変える

二〇〇一年九月一一日の同時多発テロの衝撃から数カ月後、私は「九月一一日という日が自分の前半生と後半生を分ける分岐点となるに違いない」と予感した。それを聞いたある友人から「君は珍しいモノの考え方をするねぇ」と半ば揶揄のこもったコメントをもらった。

確かに考えてみると「大きな環境変化が起きたときに、真っ先に自分が変化しなければ淘汰される」という「シリコンバレーの掟」に、私は知らず知らずのうちに強く影響されていたのだろう。その段階ではまだイラクでの戦争は起きていなかったし、九月一一日という日を境に世界がどれほど大きく変わるのかは、客観的にはまだよくわからない状況にあった。

でも「前半生と後半生の区切りだ」くらいの構えで新しい自分を構築していく決意を持った方が、これまでの生き方に固執するよりも「リスクが小さい」と、私は強く確信していた。本質的変化に関する一つ一つの直感を大切に、「時間の使い方の優先順位」を無理してでも変えてしまうことで、「新しい自分」を模索していきたいと思った。そして「自分(一九六〇年生まれ)より年上の人と過ごす時間をできるだけ減らし、自分より年下の人、それも一九七〇年以降に生まれた若い人たちと過ごす時間を積極的に作ることで次代の萌芽を考えていきたい」と思う気持ちが強まり、その原則に従って生きることにした。

私はそれまでずっと、仕事の上では「日本企業向けの経営コンサルティング」を通して自分より遥かに年長の経営者たちと付き合い、自己研鑽という面では、日本でもシリコンバレーでも、自分より少し年上の層から尊敬できる人を探しては付き合ってきた。その生き方を変えてしまうことにしたのである。

当時私は四一歳で、日本のエスタブリッシュメント社会に受容される上り坂を駆け上がり始めていた。二〇〇一年一月に日本電気㈱の経営諮問委員に就任した。それから立て続けに、同五月には㈱NTTドコモのアドバイザリー・ボード・メンバーに、同八月にはオムロン㈱のアドバイザリー・ボード・メンバーに就任した。

変わりゆく日本企業社会で新しく生まれた「経営に正式に関与する社外人材」市場での私の株は、自分で言うのも何だが、急上昇していた。そんな時期に「これまでに引き受けた仕事はすべてきちんと続けていくが、もうそういう委員みたいな仕事は新しく受けない」と決心した。

なぜそんな思い切った転換を実践したのか。それは「九月一一日」への日本の反応、特にエスタブリッシュメント層の有識者たちが示した反応に、深い失望感を抱いたからだった。思想的にどうこうということではない。あれだけの衝撃が世界をおそったときに、当事者意識を持っていれば必ず働くだろうはずの反射神経が全く働かない「古い日本」。そのことに愕然として力が抜けると同時に、知らず知らずのうちに自分の中にもしみついた「古い日本」を脱却して、「新しい自分」を構築しなければと強く思ったのである。

そして、次の一〇年、二〇年で今は想像もつかない新しい何かが創造されるかどうかは、次世代の力量にかかっているのだから、次世代の可能性を追求する方法を探しはじめることから、後半生のスタートを切ることにしようと思った。

†日本人一万人「移住計画」

二〇〇二年といえば、シリコンバレー経済はどん底状態にあった。しかし「底のときにこそ仕込むのが本筋」と信じ、「日本人一万人・シリコンバレー移住計画」という非営利プロジェクトを立ち上げることにした。「世界中からシリコンバレーに集まって切磋琢磨する技術志向の若者たちと一緒になって、日本の若者たち一万人が活躍しているイメージ」を頭に描きながら、その実現のための支援を二〇年がかりで行っていこうというものだ。

こんな新しい試みが、日本の若者たちの選択肢に少しでも多様性を与えることになるとすれば、それは日本社会が変わっていくための触媒の一つとしても作用するかもしれない。またいずれは日本でも、中国・台湾・インド等で顕著な「シリコンバレーで培った個人のネットワークが母国と結びつく頭脳流出ならぬ頭脳還流現象」が期待できるかもしれないと考えたからだった。

シリコンバレーの人口は約二五〇万人（就労者は約一三五万人）。うち三五％が外国生まれ。ここは「高学歴のハイテク移民」が最先端の技術開発と新事業創造に明け暮れているという不思議な地である。しかしその中で日本人は本当に少ない。「数年で帰国することを前提とした日本企業からの駐在者」を除くと、シリコンバレー人らしくプロフェッショナルとして生きている日本人はせいぜい五〇〇人から一〇〇〇人くらいだろう。それが二〇年かけて一〇倍から二〇倍にならないか。二〇年がかりの一万人移住計画とはそんな構想であった。

ハイテク関係のエキサイティングで条件のいい仕事が母国にあまりなかった中国・台湾系、インド系、東南アジア系の留学生は、米国の大学や大学院を出た後、ごく自然にシリコンバレーに残って活躍するようになった。そういうロールモデルが磁力になってさらに母国から人が集まってきた。

「シリコンバレーに日本人が少ない理由」は、ここ何十年もの間、日本の大企業が技術系大学生・大学院生のトップクラス大半を新卒採用し、自由度の高い研究の場や世界最先端の技術開発プロジェクトに関わる場を与え、さらには終身雇用という安定した好条件（円高が進んだ一時期は世界最高賃金）を提示し続けていたからである。しかしその前提が崩れつつあった。

「時間の使い方の優先順位」を変えて、自分より年下の人、それも一九七〇年以降に生まれた若い人たちと過ごす時間を積極的に作ることにした結果わかったのが、この「シリコンバレーに日本人が少ない理由」（素晴らしすぎた日本の就労環境）が消失し、技術志向の若者たちの間に「言いようのない閉塞感」が広がりはじめているらしいということだった。シリコンバレーにやってくる若者の数も少しずつだが増加傾向にあることもわかってきた。だとすれば、日本の若者たちも、他国の若者たちと条件が近づいてきたわけで、シリコンバレーに根付く人が増えてもなんの不思議もない。そしてそれは、日本の若者たちが「個人としての国際競争力」を磨く素晴らしい機会であり、そんなたくましい人々が増えていくことは日本全体にもいい刺激を与えることになる。ならばそのための支援ができないものかと考えたのだった。

二〇〇二年春から数カ月かけて、志を同じくする友人たちとそんな発想で準備を進め、二〇〇二年七月一日、「Japanese Technology Professionals Association（JTPA）」という非営利組織（NPO）を発足させた。シリコンバレーに日本人プロフェッショナルのコミュニティを作ること（コミュニティの大きさがある閾値を超えれば新しいブレークスルーが生まれるチャンスも広がるはず）と、日本に住む若者たちが「シリコンバレーをめざす」のを支援すること、をNPO活動の二つの柱にした。

組織を興したあと私は、「シリコンバレー人として活躍する日本人たち」を訪ね歩き、彼ら彼女らの来し方から何かを学びたいと思った。そんな行脚を一年半ほど続けるうちに、日本という国は「いったん属した組織を一度も辞めたことのない人たち」ばかりの発想で支配されている国であるという再発見をした。

日本の大企業経営者、官僚、マスメディア幹部。いわゆるエスタブリッシュメント層の中枢に坐る、私よりも年上の人たちの大半が、組織を辞めたという個人的経験を全く持たないのである。そのことが日本の将来デザインに大きな歪みをもたらしてはいないかという懐疑も、私の中に同時に生まれた。

グローバルに活躍する日本人たちの経験に共通する「転職によるいい意味での人生の急展開」「新しい場での新しい出会いがもたらす全く新しいオポチュニティの到来」「組織に依存しない個人を単位としたネットワークがフル稼働することの強靭さ」「いつ失職するかわからない緊張感の中で、常に個としてのスキルを磨き自分を客観的に凝視し続ける姿勢が、いかに個を強くするか」といった新しいキャリア・パラダイムについて、日本のエスタブリッシュメント層の人々は、頭では理解できても、経験に裏打ちされた想像力が全く働かないのだ。

グローバルに活躍する日本人に対して「あの人たちは特別な人。日本人の大半は……」という類の表現をよく耳にするが、彼ら彼女らは決して「特別な人たち」ではなく、これからの日本人一人一人が経験するはずの世界を先に経験した「普通の人たち」なのだと痛感した。

これから日本は、大組織中心の高度成長型モデルではない新しい社会構造に変化していき、私たち一人一人は、過去とは全く違う「個と組織との関係」を模索しなければならない。そういうことを感知するセンスのいい若い人たちに、「組織を一度も辞めたことのない」エスタブリッシュメント層の言葉は、むなしく響くばかりなのではないだろうか。そんなふうに強く思った。でも想像しているばかりでも仕方ない。日本の若い世代はいま何を考えてどんなふうに生きているのだろう。そこに強い興味を抱くようになった。

ＪＴＰＡを創設した次のプロジェクトとして、日本の若い世代に向けた情報発信を始めることにした。『フォーサイト』誌（新潮社）連載を除く雑誌への寄稿をほぼすべてやめ、一九七六年生まれの若い編集長が率いる CNET Japan というインターネット・メディアで、二十代を主対象に「英語で読むＩＴトレンド」というブログ連載をスタートし、二〇〇三年四月から二〇〇四年一二月までの二一カ月間、ほぼ毎日休みなしに書き続けた。日本出張中の空き時間は、東京で二十代の若者たちに会うことに費やした。

それで確信したことは、日本の若い世代には、全く新しいタイプの日本人が生まれつつあるということであった。社会全体で見れば二極分化を起こしていることは否定できないけれど、二極化した上側のスピリッツと潜在能力は、私たちの世代を大きく凌駕していることがよくわかった。

†若いうちはあまりモノが見えていない方がいい

ところで、ＪＴＰＡをシリコンバレーで作るまで、また二十代の読者を主対象としたブログ連載を始めるまで、若い人たちのキャリアについて考えるというような機会はほとんどなかった。しかしこんな活動を始めてから、頻繁に相談を受けるようになった。

たとえばあるとき、「グリーンカード（米国永住権）の抽選に当たったので、渡米準備中」という二八歳の男性と、メールでやり取りをしていた。彼が、自分の英語力、自分の専門能力から鑑みて、渡米したあとに、特に就職面で、どんなことが自分に待ち受けているのかについて、私の意見を求めてきたからだ。

日本人が米国で働く場合には、米国の大学や大学院に留学したり、外資系企業で働いて米国転籍したり、日本企業で米国駐在したりしながら、都度、誰かにスポンサーしてもらってビザを得て、一歩一歩経験を積みながら、機が熟したところでグリーンカードを取得する、というのが普通だ。その間、留学でも就職でも、必ず「誰かに選ばれる」というプロセスが介在してビザをスポンサーされる。だから、「選ばれる」自分の価値を確認しながら、一歩一歩着実に歩んでいける。

しかし「抽選でグリーンカード」というのは、そのプロセスを一気にすっ飛ばすわけである。米国で働きたい人にとって、グリーンカード取得は素晴らしい幸運である。でも日本の大学を卒業して日本でしか仕事経験のない二八歳が、抽選でグリーンカードを取得して渡米すれば、ある意味、徒手空拳の就職活動が待っている。就職時に「グリーンカードを持っている」ことは、ビザをスポンサーしてもらう場合よりは条件がうんといいが、それ以上でも以下でもなく、とても厳しいことが待っているはずだ。よって、彼が現時点で持つ日本での人とのつながりをフル動員して、米国で働くための小さな取っ掛かりを何か見つけて、そこからステップ・バイ・ステップでキャリア・アップできる道をじっくりと模索することを考えてみたらどうだろう。

つらつらと彼の状況を考えて、私はこんなことを書いた。

でもこんなメールのやり取りをしたあとに、実は、考え込んでしまったのである。私が渡米したのは三四歳のとき。このメールを書いたのが四四歳のとき。「四四歳の私」が「三四歳だった私」から相談を受けたら、どんな回答をしただろうかと悩んでしまったのである。ひょっとして「お前がやろうとしていることは、危なっかしくて見ていられない」と答えたのではあるまいかと。

私は三四歳のとき、社内ベンチャーとしてスタートしたシリコンバレー事務所の責任者として、勤めていた外資系コンサルティング会社の米国本社へ転籍した。しかし、「四四歳の私」から見れば、危なっかしいこと甚だしい。米国企業のマネジメントが、短期の業績いかんでクルクルと方針を変えること。大企業内の社内ベンチャーなんて大抵はうまくいかないものであること。上司が変わってウマが合わなければ即座に解雇されること、などなど。「四四歳の私」は、いろいろなことを知っている。でも「三四歳だった私」は、渡米したとき、そんなことは何も知らなかった。いや「知らなかった」わけではないが、「自分のことではなかろう」と考えられるだけの「勢い」があった。一言で言えば、客観的でなかったのである。

そのあと、現実に何が私に起こったか。私たちが始めたその社内ベンチャーはあまりうまくいかなかった。勤めていたコンサルティング会社の業績は悪化し、マネジメントから社内ベンチャーへ向けられる視線は厳しくなった。日本法人の上司も変わったし、米国サイドの上司も変わった。そんなことが渡米してわずか二年以内に起こったのである。「お前がやろうとしていることは、危なっかしくて見ていられない」と答えたかもしれない「四四歳の私」からすれば、「ほーら、ご覧」という具合である。

でも環境変化の中でゴチャゴチャと精一杯努力していると何とかなるのも事実だった。「捨てる神あれば拾う神あり」で、いろいろな新しい発見や予期せぬ出会いが私に新しい機会をもたらしたからだ。

三四歳のとき、もっとモノをよく知っていて、もっと客観的で、それゆえ「もう少し力をつけてからでも遅くない……」なんて考えて、冒険しなかったらと思うと、ぞっとする。モノが見えてなくて良かった。今、心からそう思うのだ。

たしかに「四四歳の私」は、一〇年前「三四歳だった私」に比べて、圧倒的にモノが見えている。いろいろな経験を積んだ。たくさんの人を見てきた。でもモノが見えている分だけ、新しいこと、未経験なことについて、ネガティブに判断するようになってはいないだろうか。これを「老い」と言うのではないのか。

放置すれば人は、年を取るにつれてどんどん保守的になっていく。私も、意識的に「若さ」と「勢い」を取り戻さなければいけないなぁ。二八歳の彼とのやり取りによって、私はとても大切なことを再発見できた。

†はてなへの参画が「後半生」最初の仕事

二〇〇五年三月二八日に「㈱はてな」という変な名前の会社の取締役（非常勤）になった。はてなとは、「はてな人力検索」（どんな質問でも普通の文章で問いかけると会員の誰かが回答してくれるコミュニティ）、「はてなダイアリー」（ブログ）、「はてなアンテナ」（ウォッチしたいサイトの更新状況を定期的にチェック）、「はてなブックマーク」（ソーシャル・ブックマーク）といったサービスを手がける日本のネット・ベンチャーである。来たるべき「総表現社会」におけるプラットフォーム企業たらんと志は大きいが、まだ創業からほぼ四年、二十代ばかりの社員九名（取締役就任当時）のちっぽけで、吹けば飛ぶような会社だった。

でも中途半端な参画ではなく、一九九七年にミューズ・アソシエイツを、二〇〇〇年にパシフィカファンドをそれぞれシリコンバレーで創業した時と同じくらい真剣に考えて、同じくらい大切な決心をした結果であった。九月一一日の衝撃以来「新しい自分」の構築に費してきたさまざまな試行錯誤の末の「新しい選択」であった。

はてなの経営に参画する決心をしたのは、㈱はてな創業者兼社長・近藤淳也（当時二九歳）が、たくさんの日本の若者たちの中でも、特にキラリと光る逸材だったからだった。「無人島に漂着したグループの中に近藤がいれば、きっと自然にリーダーになるだろうな」。それが近藤の第一印象だった。いつ何どきもそして何ごとに対しても自分の頭で考えていて、敏捷な動物のような強い生命力を持っていた。正直だし、カネや物に対するギラギラした欲が全くない。短期的には効率が悪い生き方かもしれないが、何か新しいことを創造してくれるかもしれないと予感させる何かを持っていた。世の中に、優秀な人というのは想像以上にたくさんいるものだが、不思議な人間的魅力を伴う「器の大きさ」と「動物的な強さ」を併せ持つ個性に出会うことは滅多にない。初対面のときに、近藤にはそれがあると直感したが、しばらく付き合っていくうちに、その直感は確信に変わった。

近藤は三重県生まれで京都大学理学部物理学科出身。大学時代はサイクリング部と自転車競技部に所属。大学院時代には休学して自転車選手として活躍した後、大学院をやめて自転車レースのカメラマンになった。その後、独学でインターネットやプログラミングを勉強。京都で㈲はてなを創業して一年前に東京に出てきたばかりであった。

はてなという会社全体からは「なんか日本のネット企業の雰囲気とぜんぜん違うなぁ」という印象を受けた。とにかく全く異質なものだという気がした。世界に通用する研究をやっている理系大学院の研究室に似ているようにも思った。とにかく若さに溢れ、まとまりがいい。そして何より近藤は、時代の大きな流れを体現する「不特定多数無限大を信頼する心」を過剰に有していた。

私はこれまで二〇年近くＩＴ産業の経営ばかりに関わってきた。無数のプロジェクト、無数のベンチャーと仕事をする中で、あるときから「確実でも想像できそうなもの」には面白みを感じなくなり、ある個性の「想像できなさ加減」に強く惹かれるようになった。近藤とはてなにはそれがあった。私も、彼らと同じ船に一緒に乗って、不確実だが創造的な旅に出てみたいと思った。

時間がかかってもいいから近藤には、孫・三木谷・堀江とは全く違うタイプの新しいリーダーへと大きく成長していってほしい。これから先、近藤とはてなが、悔いの残らない勝負を思い切りできるよう、私の知識や経験や人脈が活用されていけばいいと思う。

はてなに限らず、生まれたばかりのベンチャーは欠点だらけである。それらを補うことはもちろん必要で重要だが、ベンチャーが「自社の粗探し」を最優先事項にしたら、存在意義などなくなってしまう。失敗しながら色々なことを学んでいけばいい。それよりも、個性・長所をじっくりと見極めて、それらを絶対に失わないようにすること、伸ばすこと。そういういちばん大切なことを見失わないようにすること。それを担保するのが私の重要な役目の一つだ。

はてなへの参画という「新しい選択」は、奇しくも私の「後半生」最初の大仕事になったわけだが、それは私にとっての「脱・エスタブリッシュメント」への旅立ちの第一歩なのである。

初出について

序章　初出

ウェブ社会「本当の大変化」はこれから始まる（「シリコンバレーからの手紙・特別篇」『フォーサイト』二〇〇五年六月号、新潮社）

ネットの開放性は危険で悪なのか（「正論」『産経新聞』二〇〇五年七月四日）

「二つの世界」は理解し合えるか（「シリコンバレーからの手紙」『フォーサイト』二〇〇五年九月号）

第一章〜終章　以下を素材に書き下ろし

「シリコンバレーからの手紙」『フォーサイト』
二〇〇一年一二月号、二〇〇二年四月号、二〇〇三年一二月号、二〇〇四年一月号、二月号、四月号、五月号、八月号、九月号、一〇月号、二〇〇五年一月号、二月号、四月号、五月号、七月号、一〇月号、一一月号、一二月号

「正論」『産経新聞』
二〇〇二年一〇月二三日、二〇〇四年三月六日、二〇〇五年一月一〇日

「梅田望夫・英語で読むＩＴトレンド」CNET Japan（http://blog.japan.cnet.com/umeda/）

「My Life Between Silicon Valley and Japan」（http://d.hatena.ne.jp/umedamochio/）

あとがき

ここ数年考え続けてきたことをまとめればいいとわかっていても、さまざまな思考の断片を一冊の本へと構造化させるには厖大な集中の時間を要する。そのことは、書き始める前から想像がついていた。私の場合、日々の仕事の制約から、ほとんど人に会わずに一つのことに集中できるのは長くても五週間である。そこで、五週間精一杯ベストを尽くし、それでもまとまらなければ仕方ないと腹をくくり、毎朝午前三時に起床し、原則として午前中いっぱいを集中の時間に充てた。全部書き終えたときはふらふらだったし、今振り返るとその五週間についての記憶が曖昧である。そんなふうにしてこの本はできあがった。

そんな集中を続ける間、常に意識していたことが二つある。

一つはオプティミズム（楽天主義）ということである。

私はシリコンバレーで、人生の先輩たちが示すおっちょこちょいで楽天的なビジョンと明るい励ましに、助けられ、救われ、育てられてきた。日本の若い世代に対して、この本が同じような役割を果たせるとすれば、シリコンバレーに小さな恩返しができるかもしれないと考えた。

シリコンバレーにあって日本にないもの。それは、若い世代の創造性や果敢な行動を刺激する「オプティミズムに支えられたビジョン」である。

全く新しい事象を前にして、いくつになっても前向きにそれを面白がり、積極的に未来志向で考え、何か挑戦したいと思う若い世代を明るく励ます。それがシリコンバレーの「大人の流儀」たるオプティミズムである。

もちろんウェブ進化についての語り口はいろいろあるだろう。でも私は、そこにオプティミズムを貫いてみたかった。これから直面する難題を創造的に解決する力は、オプティミズムを前提とした試行錯誤以外からは生まれ得ないと信ずるからである。

もう一つは共通言語ということである。

序章の最後で述べたような「お互いに理解しあうことのない二つの別世界」が生まれてしまうことを懸念し、できれば二つの世界を架橋する共通言語を提示したいと考えた。「ネットの世界に住む」ように生きている若い世代は、ネットのネガティブな側面ばかりを語る日本の大人たちに絶望感を抱いている。しかし、語らずともわかり合える仲間うちに閉じこもっていては、達成できることも限られる。

「ネットの意義を漠然とは理解しているが自分ではあまり使っていない。しかし知識欲は旺盛で、きちんと説明すれば新しい事象を理解し、その意味を考えることができる程度には十分に知的である」。

よくも悪くも、年功序列社会が容易に崩れない日本では、こういうタイプの大人たちが、依然としてあらゆる場所で力を握っている。でもその中には、頭が若くて柔軟性を持ち、若い世代の考え方を真摯に理解して、支援者・メンター・協力者としての役割を果たしたいと考える人もたくさんいる。世代間の不毛な対立ではなく、世代間の融合や相乗効果によって新しい価値を追求しようと企図する人もたくさんいる。

若い世代が何か新しいことをやるためには、こういう人たちの共感を得て、プロジェクトを興したり、組織を動かしたり、資金調達したりしなければならない。技術に関わるかビジネスに関わるかによらず、最先端の事象を、自分なりの論理でわかりやすく説明できるスキルはとても重要なのである。「こういうロジックで語れば、ネット世界を理解しない人たちにも説明できる」という実例としてこの本をうまく利用し、閉塞状況から抜け出す若い人が一人でもいれば、それは何よりも嬉しいことだ。

一方「昨日から今日に至る日本社会」で最も優れた仕事をされてきた（いる）方々の毎日はとにかく忙しい。頭の片隅で気にはなっていても、自らネット上で試行錯誤することによって、ウェブ進化の世界観を構築する時間はない。そんな方々が、もしこの本を手にとってくださったとすれば、第一章で触れた「アナロジーで理解しようとしてはいけない」というファインマン教授の言葉を改めて思い出してほしいと思う。

皆さんは社会経験が豊富だし、過去のIT応用例などにも精通している。だから今ネット世界で起きようとしている新しい現象を、どうしても何かのアナロジーで考えようとするのが習い性になっている。ネット世界を丸ごと身体で理解している若い世代とは全く異質の叡知を総動員し、新しい現象に対する理論武装を試みるケースが多い。

しかし、そういうアプローチが導き出す結論は、ネット世界の可能性の過小評価と、若い世代に対するやや悲観的でシニカルな視線である場合が多くなる。そのアプローチを改めてほしい。ウェブ進化を、アナロジーによってではなく丸ごと理解してほしい。そこが「お互いに理解しあうことのない二つの別世界」が生まれて問題が深刻化するかどうかのカギを握る。私はこの本を書くことを通して、皆さんにそういうメッセージを届けたかった。

いやそんな難しいことを言わずとも、息子や娘に対し「おまえたちのやっていることはどうもわからん」という気持ちを抱くお父さん方や、「ネット・ベンチャーなんかで働くのでなく、○○電気とか○○自動車とかに就職してくれればよかったのに……」と心配するお母さん方にとって、この本が何かの役に立てばなぁとも思っている。

筑摩書房の福田恭子さんと出会うことがなければ、この本は生まれなかった。彼女の知的で丁寧な仕事ぶり、適切な助言や励ましに支えられ、集中の糸を切らずに五週間、この本に没頭することができた。本当にありがとうございました。

本書は、新潮社『フォーサイト』誌連載「シリコンバレーからの手紙」を書くために日々続けてきた思考が、一つの構造にまとまったものでもある。同誌・寺島哲也前編集長、堤伸輔現編集長に深い感謝の意を表したい。

そして、CNET Japan 前編集長の山岸広太郎（現グリー㈱副社長）、㈱はてなの近藤淳也（社長）、川崎裕一（副社長）、伊藤直也（最高技術責任者）、東京大学大学院の柴田尚樹、一九七五年以降生まれの諸兄から、たくさんのことを教えていただいた。どうもありがとう。

最後に、ネット上の不特定多数無限大の皆さんが、リアル世界でこの本を手にとってくださることを祈りつつ、筆をおくこととしたい。

二〇〇六年一月

梅田望夫

ちくま新書
582

ウェブ進化《しんか》論《ろん》
――本当《ほんとう》の大変化《だいへんか》はこれから始《はじ》まる

二〇〇六年二月一〇日 第一刷発行
二〇〇六年三月 五 日 第四刷発行

著者 梅田望夫（うめだ・もちお）
発行者 菊池明郎
発行所 株式会社 筑摩書房
東京都台東区蔵前二-五-三 郵便番号一一一-八七五五
振替〇〇一六〇-八-四一二三
装幀者 間村俊一
印刷・製本 三松堂印刷 株式会社
乱丁・落丁本の場合は、左記宛に御送付下さい。
送料小社負担でお取り替えいたします。
ご注文・お問い合わせも左記へお願いいたします。
〒三三一-八五〇七 さいたま市北区櫛引町二-六〇四
筑摩書房サービスセンター
電話〇四八-六五一-〇〇五三

ISBN4-480-06285-8 C0200

ちくま新書

532 靖国問題 高橋哲哉

戦後六十年を経て、なお問題でありつづける「靖国」を、具体的な歴史の場から見直し、それが「国家」の装置としていかなる役割を担ってきたのかを明らかにする。

552 戦争の記憶をさかのぼる 坪井秀人

湾岸戦争、イラク戦争と続く現代の戦争をも視野に収めながら、アジア太平洋戦争後60年の間に、私達がそれをどのように記憶し、あるいは忘却してきたのか検証する。

544 八月十五日の神話――終戦記念日のメディア学 佐藤卓己

一九四五年八月一五日、それは本当に「終戦」だったのか。「玉音写真」、新聞の終戦報道、お盆のラジオ放送、歴史教科書の終戦記述から、「戦後」を問い直す問題作。

507 関東大震災――消防・医療・ボランティアから検証する 鈴木淳

関東大震災では10万人が命を落としたが、消防・救護はどのように行われたのか。首相から一般市民まで、大災害に立ち向かった人々の全体像に気鋭の歴史学者が迫る。

337 転落の歴史に何を見るか――奉天会戦からノモンハン事件へ 齋藤健

奉天会戦からノモンハン事件に至る34年間は、日本が改革に苦しんだ時代だった。しかしそれは敗戦という未曾有の結末を迎えることになる。改革はなぜ失敗したのか。

553 二〇世紀の自画像 加藤周一

歴史は復讐するか？　優れた文明批評家として時代を観察してきた著者が、体験に重ね合わせながら二〇世紀をふり返り、新たな混沌が予感される現代を診断する。

528 つくられた卑弥呼――〈女〉の創出と国家 義江明子

卑弥呼は神秘的な巫女ではなく、政治的実権をもった王だった！　史料を丹念に読み解きながら、明治以降につくられた卑弥呼像を完全に覆す、衝撃の論考。

ちくま新書

539
グロテスクな教養
高田里恵子
えんえんと生産・批判・消費され続ける教養言説の底に潜む悲痛な欲望を、ちょっと意地悪に読みなおす。知的マゾヒズムを刺激し、教養の復権をもくろむ教養論論！

578
「かわいい」論
四方田犬彦
キティちゃん、ポケモン、セーラームーン――。日本製のキャラクター商品はなぜ世界中で愛されるのか？「かわいい」の構造を美学的に分析する初めての試み。

569
無思想の発見
養老孟司
日本人はなぜ無思想なのか。それはつまり、「ゼロ」のようなものではないか。「無思想の思想」を手がかりに、日本が抱える諸問題を論じ、閉塞した現代に風穴を開ける。

085
日本人はなぜ無宗教なのか
阿満利麿
日本人には神仏とともに生きた長い伝統がある。それなのになぜ現代人は無宗教を標榜し、特定宗派を怖れるのだろうか？　あらためて宗教の意味を問いなおす。

420
日本のムスリム社会
桜井啓子
今、日本のあちこちに小さなモスクが出現している。バブル期に日本に出稼ぎに来たムスリムたちが建てたものだ。定住を始めた彼らの全体像に迫る、初めての試み。

445
禅的生活
玄侑宗久
禅とは自由な精神だ！　禅語の数々を紹介しながら、言葉では届かない禅的思考の境地へ誘う。窮屈な日常に変化をもたらし、のびやかな自分に出会う禅入門の一冊。

579
仏教VS.倫理
末木文美士
人間は本来的に公共の倫理に収まらない何かを抱えている。仏教を手がかりに他者・死者などを根源から問い直し、混迷する現代の倫理を超える新たな可能性を示す。

ちくま新書